水库群影响下流域水文循环演变规律研究

杨明祥　董宁澎　刘璇　著

中国水利水电出版社
www.waterpub.com.cn
·北京·

内 容 提 要

水库群的运行和调蓄可以改变大气水与地表水、地下水与地表水之间的循环转化速度和迁徙路径，影响区域水循环要素的时空分布和转化过程，从而改变流域水资源的形成、演化和更新的自然规律。本书分别以雅砻江流域和鄱阳湖流域为研究代表区，通过构建耦合水库群的分布式水文模型和陆面水文耦合模型，完善模式的物理机制和模拟能力，为水库群影响下的水文水资源相关研究提供工具和方法，并在此基础上考察各种情景下水库群对流域水文过程的扰动规律，所得相关结论可以完善水库群影响下流域水循环响应的知识体系，为流域水资源的可持续开发和利用提供重要的科技支撑。

本书可供水利专业的本科生、研究生与教师阅读使用，也可作为相关科研和工程技术人员的参考用书。

图书在版编目（CIP）数据

水库群影响下流域水文循环演变规律研究 / 杨明祥，董宁澎，刘璇著. -- 北京 : 中国水利水电出版社，2021.7
ISBN 978-7-5170-9658-0

Ⅰ. ①水… Ⅱ. ①杨… ②董… ③刘… Ⅲ. ①并联水库－影响－流域－水文循环－研究 Ⅳ. ①TV62

中国版本图书馆CIP数据核字(2021)第113496号

书　　名	水库群影响下流域水文循环演变规律研究 SHUIKU QUN YINGXIANG XIA LIUYU SHUIWEN XUNHUAN YANBIAN GUILÜ YANJIU
作　　者	杨明祥　董宁澎　刘璇　著
出版发行	中国水利水电出版社 （北京市海淀区玉渊潭南路1号D座　100038） 网址：www.waterpub.com.cn E-mail：sales@waterpub.com.cn 电话：（010）68367658（营销中心）
经　　售	北京科水图书销售中心（零售） 电话：（010）88383994、63202643、68545874 全国各地新华书店和相关出版物销售网点
排　　版	中国水利水电出版社微机排版中心
印　　刷	清淞永业（天津）印刷有限公司
规　　格	184mm×260mm　16开本　9印张　219千字
版　　次	2021年7月第1版　2021年7月第1次印刷
定　　价	60.00元

《 前 言 》

　　我国地处太平洋西岸、欧亚大陆东部，空间跨度广，气候特征差异巨大。受地理位置和季风气候的影响，我国降水年内时空分布不均、年际变化很大，洪涝干旱灾害频发，造成的损失巨大。《2018 中国水旱灾害公报》显示：在洪涝方面，1950—2018 年的 69 年间，平均每年的受灾面积达到 9602 千 hm^2，成灾面积达到 5288.19 千 hm^2，因灾死亡 4098 人，倒塌房屋 177.71 万间，有记录以来的年平均直接经济损失 1509 亿元；在干旱方面，1950—2018 年的 69 年间，平均每年的受灾面积达到 20312 千 hm^2，成灾面积达 9116.68 千 hm^2，粮食损失 162.52 亿 kg，饮水困难 2362.52 万人，直接经济损失 851.64 亿元。

　　为了科学、主动、合理地开发利用和调蓄水资源、减轻洪旱灾害的频率和程度，我国在各大江河流域修建了数目众多的水利工程，而其中又以水库为主。根据第一次全国水利普查公报，我国共有水库 98002 座，总库容 9323.12 亿 m^3，其中大、中型水库共 4694 座，总库容达 8619.61 亿 m^3，约占我国多年平均水资源量的 1/3。以"自然-社会"二元水循环理论为代表的诸多研究表明水库群的运行和调蓄对水循环具有明显的扰动和累积效应，可以改变陆气间的水热通量，从而改变流域水文要素的时空分布和演变规律。然而，目前国内外研究在水文模拟、预测和预报中对水库群调蓄等高强度人类活动影响的考虑尚显不足，难以适应当前水文水资源领域的科研及应用需求。

　　围绕这一问题，本书以雅砻江流域和鄱阳湖流域为研究代表区开展研究，通过实现水库群与分布式水文模型和陆面水文耦合模型的动态耦合，完善模型物理机制，并在此基础上考察各种情景下水库群对流域水循环要素的影响，所得研究成果可以进一步加深对人类活动影响下流域水循环演变规律的认知，为变化环境下流域的综合治理和水资源的高效利用提供支撑。

　　本书总共分为 5 章。第 1 章为绪论，从水库群、流域水循环、国内外研究进展等三个层面对相关基本概念和研究进展进行了系统介绍。第 2 章为方法介绍，主要介绍本书所采用的研究模型及数理统计方法。第 3 章以雅砻江流域为研究区，在探究雅砻江流域水文要素时空分布规律的基础上，构建适用于雅砻江流域的 SWAT 水文模型，分析水库建成运行对径流的影响；通过设置不同水库群运行情景，定量分析水库群运行方式对径流过程的影响规律；运用暴雨重构方法，进一步研究在不同降雨特性下水库群调度对汛期径流的影响。第4章以鄱阳湖流域为研究区，在构建鄱阳湖流域的陆面水文耦合模型的基础上，构建并验证水库群参数化方案；利用改进的模型探究鄱阳湖流域现有水库群的水文效应及其机理；通过构建不同水库群布局情景，定量考察水库群不同布局方式对下游河道水文情势的影响规律。第5章为研究结论与展望，对全书主要研究结论进行总结，并对未来研究方向进行展望。

中国水利水电科学研究院王浩院士、蒋云钟教高，河海大学余钟波教授、钟平安教授、吕海深教授、王卫光教授、吴志勇教授、杨传国教授，南京大学王栋教授，南京水利科学研究院王国庆教高，天津大学冯平教授、李建柱教授，德国卡尔斯鲁厄理工学院 Harald Kunstmann 教授、Jianhui Wei 博士等专家在本书的撰写过程中给予了许多的宝贵意见，张康和张再昌等在本书准备期间整理了部分材料，在此表示衷心感谢！

由于作者学识有限，书中难免存在不妥之处，恳盼读者批评指正。

作者

2020 年 12 月

《 目 录 》

第 1 章

绪　　论

1.1　我国水库工程建设概述

　　我国地处太平洋西岸，欧亚大陆东部，空间跨度广，气候特征差异巨大。受地理位置和季风气候的影响，我国降水年内时空分布不均、年际变化很大，洪涝干旱灾害频发，在历史上造成了巨大的损失。

　　作为人类科学、主动、合理地开发利用和调蓄水资源的一类重要工程，水库可以在一定范围内调节水资源的时空分布，减轻洪涝干旱灾害的程度，为灌溉、发电、防洪、航运等多种社会经济活动提供保障。中华人民共和国成立以来，针对水利基础设施不足、水旱灾害泛滥等问题，党和国家高度重视江河治理，大力推进水利水电事业和水利工程建设，把水库建设放在恢复和发展国民经济的重要地位，水库建设因此得以迅猛地发展，其发展历程大体可分为以下 5 个阶段：

　　第 1 阶段（1950—1957 年）：水库建设初期。从治淮起步，根治海河、开始治黄，比较著名的水库在北京有永定河的官厅水库，淮河北支流有白沙水库、薄山水库、南湾水库，淮河南支流有佛子岭水库、梅山水库，响洪甸水库和磨子潭水库等。1955 年黄河流域开发规划完成，首批开工的包括三门峡水库等。

　　第 2 阶段（1958—1966 年）：水库建设在全国全面展开，进入高速发展时期。其中，因各地积极投入，中小型水库建设数量猛增，比较著名的大型工程包括黄河刘家峡水库、新丰江水库、新安江水电站、云峰水库、流溪河水电站等。1963 年 8 月海河特大洪水，许多水库工程经历了严重考验。

　　第 3 阶段（1967—1986 年）：水库建设速度降低，但进一步重视工程质量，技术上得到明显提高。这一阶段兴建的水库有：龙羊峡水库、乌江渡水库、白山水库、石头河水库、碧口水库等，最大的长江葛洲坝水库水电站也在此阶段完成，装机 2720MW，1975 年 8 月，河南淮河上游特大洪水造成了 2 座大型水库失事，取得了宝贵经验和教训。

　　第 4 阶段（1987—1999 年）：在改革开放、国民经济高速发展阶段，水库建设速度显著回升，水库建设的技术得到了巩固和有效发展。一些达到世界先进水平的工程陆续开工，完成了一大批高坝水库和大型水电站，包括安康水库（高 120m）、紧水滩水库（高 102m）、东江水库（高 155m）、东风水库（高 168m）等。举世瞩目的三峡水电站（高 175m，装机 18200MW）、最高的二滩水库（高 240m，装机 3300MW）和小浪底水利枢纽

（高 155m，装机 1800MW）等陆续开工建设。除这些大型工程外，还有一大批中小型水电和大型抽水蓄能电站竣工，不仅改善了电网的构成，也使一些河流的防洪、灌溉、供水、航运有了明显的改善。

第 5 阶段（2000 年至今）：进入 21 世纪，中国水库建设从单一的经济效益评估转向包含生态环境在内的综合效益评估，注重考察经济建设与人口、资源、环境之间的关系，大力开展生态友好的水库建设以及管理方面的研究。这一阶段，水库建设相对集中于西南地区水能资源丰富地区，规划建 13 个梯级水电基地，共计 366 个水库，对我国实现水电流域梯级滚动开发，实行资源优化配置，带动西部经济发展都起到了极大地促进作用。

第一次全国水利普查公报显示，截至 2011 年，我国共有水库 98002 座，总库容 9323.12 亿 m³，约占我国多年平均水资源量的 1/3。其中，大型水库 756 座，总库容 7499.85 亿 m³；中型水库 3938 座，总库容 1119.76 亿 m³；小型水库 93308 座，总库容 703.51 亿 m³。数十年来，这些水库在防洪、发电、航运、灌溉、供水等方面发挥了巨大的综合效益，为全国各地水资源的高效开发利用以及区域社会经济的协调发展提供了重要支撑。

1.2 流域水文循环及影响因素

地球上以液态、固态和气态形式分布于海洋、陆地、大气和生物体内的水体构成了地球上的水圈。水圈中的各种水体在太阳辐射和地心引力等自然驱动力的作用下，经蒸发蒸腾、水汽输送、凝结降水、植被截留、地表填洼、土壤入渗、地表径流、地下径流和湖泊海洋蓄积等环节，不断地发生相态转换和周而复始运动的过程，称为水循环（或水文循环）。

按水循环的规模与尺度，水循环可以分为全球水循环、陆地水循环和流域水循环等。全球水循环是空间尺度最大的水循环，也是最完整的水循环，它涉及海洋、大气和陆地之间的水分交换和相互作用，与全球气候变化关系密切。而与人类最直接相关的是发生在陆地的水循环，当其时空尺度限定在陆地上的一个集水流域内时，被称为流域水循环。流域水循环是陆地水循环的基本形式，除了大气过程在流域上空有输入输出外，陆地水循环的地表过程、土壤过程和地下过程基本上都以流域为基本单元。在自然状态下，流域水循环主要涉及流域降雨径流的形成过程，雨水降落到流域上之后，首先满足植物截留、填洼和下渗，其余雨水形成地表和地下径流，汇入河网，再流至流域出口断面，是流域内一个重要的自然过程，因此又称流域自然水循环。

流域自然水循环的影响因素主要分为气象条件和地理条件两大类。气象条件主要包括降水、气温、风速、湿度、辐射、气压等气象要素，地理条件主要包括地形、地质、土壤、植被等下垫面特征。随着社会经济的发展和人口的快速增长，部分流域的人类活动加剧，如取用水、土地利用改变、水利工程兴建和城市化发展等，打破了流域自然水循环原有的规律和平衡，极大地改变了降水、蒸发、入渗、产流和汇流等水循环各个过程，逐渐成为影响流域水循环的重要因素之一，使原有的流域水循环系统由单一的受自然主导的循环过程转变成受自然和人类活动共同影响、共同作用的新的水循环模式，这种模式又被称为流域"自然-社会"二元水循环[1-2]。

1.3 国内外研究进展

1.3.1 分布式水文模型

流域水文模型是以流域的整个水文系统为研究对象，根据降水、蒸发和径流等水文过程在自然界运动规律建立相应的数学模型，模拟、分析和预测流域内水体的存在方式、运动规律和分布状况。水文模型的发展经历了集总式、半分布式到分布式的过程。

20世纪60—80年代，是集总式水文模型的重要发展时期，代表模型有美国 Stanford Ⅳ[3] 和 HEC-1 模型[4]，我国的新安江模型[5]，日本的 Tank 模型[6] 等。集总式水文模型引入了流域产、汇流等概念，可定量分析流域出口断面流量过程线的形成过程，包括降水、蒸发、截留和下渗，地表径流、壤中流、地下径流的形成，以及坡面汇流和河网汇流等。但无法给出水文变量在流域内的分布及实际状态。

20世纪80年代后，随着对水文循环过程认识的不断加深，人们开始研究分布式水文模型。与传统的概念性集总式水文模型相比，机理性的流域分布式水文模型能够比较真实地刻画流域的下垫面条件和水文特征[7]。实践应用主要包括：水资源评价；洪水预报；干旱评估；土壤侵蚀及水沙迁移；水源污染影响；土地利用变化的影响；水生态环境演变；气候变化影响；水利工程影响等[8]。具有代表性的分布式水文模型有：英国、法国和丹麦的科学家联合研制而成的 SHE 模型[9]；Washington 大学、California 大学 Berkely 分校以及 Princeton 大学研究者共同研制的大尺度分布式水文模型（Variable Infiltration Capacity，VIC)[10]；美国农业部农业研究中心（USDA-ARS）开发的土壤-水评估工具（Soil and Water Assessment Tool，SWAT)[11]；河海大学和德国 KIT 共同研制的分布式陆面水文模式 CLHMS 和 Noah-HMS 等。

其中，SWAT 模型是基于物理机制的分布式水文模型，该模型集成了遥感、地理信息系统和数字高程模型，可以在具有多种土地利用类型、土壤类型和气象环境的复杂流域中研究气候变化对水循环过程的影响，模拟人类活动或下垫面条件的改变对流域水循环过程的影响[12]。

国外 SWAT 模型使用较早且应用广泛。Abbaspour 等[13] 评估了 SWAT 模型的性能以及在图尔河流域的可行性，在该流域模拟水质、泥沙和营养物等要素取得较好结果，表明在类似图尔河的流域（具有良好质量和可用的数据，模型不确定性较小）SWAT 模型模拟流量和营养物等是可行的。Stone 等[14] 研究了气候变化对密苏里河流域的影响，使用区域气候模型 RegCM 和水文模型耦合，模拟了当二氧化碳以当前水平两倍增加时，流域产流量的变化，发现春夏季水量减少而秋冬季增加，流域北部水量增加而南部减少。Schilling 等[15] 运用 SWAT 模型评估下垫面条件改变对水资源的影响，土地利用和土地覆盖改变后对美国浣熊河流域水资源平衡的影响，结果表明未来土地利用变化将影响流域水量平衡，水量平衡在一定程度上取决于未来土地利用变化方式。Schomberg 等[16] 校准SWAT 模型适用于美国密歇根州和苏明达州流域，发现不同土地利用和土壤类型条件下，年和季的流量、泥沙和营养物质存在差异。也有一些学者对 SWAT 模型进行了改进，如 Fontaine 等[17]在 SWAT 模型算法中加入积雪和融雪等因素，使其改进后适用于具有较大融雪量的高山区域，并选取洛杉矶高山流域评估改进后模型的适用性。

国内对 SWAT 等分布式水文模型的研究开始于 2000 年左右，主要集中在水循环过程和物质循环过程。水循环过程方面，袁军营等[18]利用 SWAT 模型模拟柴河流域径流，月尺度模拟结果取得较好的精度，且降水与径流在时间上具有一致性。刘昌明等[19]研究了径流对气候变化的响应，在大尺度黄河流域河源区采用 SWAT 模型模拟径流，结果表明气候变化是黄河河源区径流变化的主要原因，在 20 世纪 80—90 年代，由气候变化引起径流减少占变化总量的 108.72%。张康[20]研究了径流对土地利用变化的响应，在岷江流域开展径流变化归因分析，保持气候条件不变，通过改变土地利用或水库等单一变量，定量区分土地利用变化和水库运行对月径流过程的影响。物质循环过程方面，主要是应用 SWAT 模型模拟流域内泥沙、藻类、溶解氧、有机污染、多种不同形式的氮、磷以及农药等污染物质的运移与转换。万超等[21]采用 SWAT 模型分析了潘家口水库上游面源污染负荷，建议合理施肥减少面源污染的影响。刘梅冰等[22]将 SWAT 模型与 CE-QUAL-W2 模型耦合，构建了山美水库水量水质模型，为确定流域关键污染源区提供依据。杨巍等[23]进行了泥沙模拟研究，发现大伙房水库汇水区不同土地利用方式的土壤侵蚀模数不同，且具有季节差异。

随着人类活动日益增强，国内外的研究重点已经逐渐转移到在现有的分布式水文模型中开发干预陆地水循环过程的人类活动模块，实现人类活动对水循环扰动效应的精细化模拟，从而提高水文模拟、预测和预报技巧[24]。目前，这一领域的研究主要集中于：①显式考虑地下水开采对近地表土壤含水量再分配过程和地下水流运动过程的影响；②基于全球或区域地表、地下水开发利用现状和作物灌溉制度，集成作物灌溉过程参数化方案；③改进河道-湖泊水流参数化方法，增加水库调度模块，充分考虑大型水库不同蓄泄规则和蓄水状态下河道上下游径流场的变化过程，以及水库蒸发、下渗等过程对陆气间水分能量交换的影响。

1.3.2 水库群参数化方法

水库是"自然-社会"二元水循环的重要组成部分。受模型机制和水库资料限制，国内诸多研究通过引入一些修正参数直接对流域出口断面的流量过程线进行修正，从而近似概化水库调蓄对下游径流的可能影响[25-28]。这类水库耦合方法着重通过参数率定提高模型对下游径流过程的模拟精度[28]。然而，此类方法物理意义不明确，忽略了水库影响水文循环的物理机制，不确定性较大。

随着分布式水文模型的不断完善，学界对水文循环过程认识的不断加深，水文模型中水库的传统模拟方式逐渐被有明确物理含义的水库模块所取代。这类模块在结合水库蓄泄规则的基础上，通过在模型中引入不同类型的参数化方案使水库出流和入流之间产生一定的差值，从而实现水库水文效应的模拟。然而，在区域尺度上，水库群的实际蓄泄规则往往难以获取。因此，单目标或多目标优化蓄泄规则、数据驱动式蓄泄规则及概念性蓄泄规则可作为水库实际蓄泄规则的替代，用于模拟现实中水库实际的蓄泄过程。优化蓄泄规则指通过预先设定单个或一系列的调度目标，如最大削洪量、最大供水保证率等，根据来水情况采用优化算法推求最能满足调度目标的水库蓄泄规则[29-30]。例如，Lauri 等[29]采用基于最大发电量的优化蓄泄规则来量化气候变化背景下 100 余座水库对湄公河流域径流量的影响，利用气候模式驱动水文模型模拟得到水库入流量，然后采用基于最大发电量的优化调度算法确定水库出流量。数据驱动的蓄泄规则主要指利用智能算法，如人工神经网络，通过输入大量数据进行训练，建立水库出流、入流和蓄水量之间的黑箱函数关系，从而还原水库实际的蓄泄过程[31-32]。概念性蓄泄规则是指根据水库的一般运行方式，针对不同的来水和蓄水量情况，设定较为符合水库实际的蓄泄规则，如 Hanasaki 等[33]通过下游需水量和水库调节系数将水库出流和入流联系起来；Zhao 等[34]以水库蓄水量超过水库的某一特征库容为判定依据，对不同蓄水量情形设定不同的调度目标，采用下游安全泄量、下游需水量等指标建立了水库出流和入流的概念性关系；SWAT 模型提供了基于目标蓄水量的概念性蓄泄规则供用户选择，可以人为指定或基于下游土壤含水量确定每个月月末的目标蓄水量，通过不断改变出流量来使目标蓄水量得到满足。

通过在水库相应位置引入水库蓄泄规则，水库对下游径流场的影响作用得以直观表示，得到物理意义明确的结果。然而，这类水库模块的机制仍然十分简单，它往往只改变汇流过程而不对产流、地下水、蒸散发等其他水文过程或感热通量、地表热通量等能量过程产生影响，抑或是只对多种水文过程产生单向的影响，而这些被改变的水文过程不能反作用于水库调度[35-36]，即缺乏完全耦合（fully coupling）或双向反馈机制（two-way feedback）。例如，马斯京根法是汇流演算的常用方法，由于其计算简便，在水文模型中得到了广泛应用[37-39]。在这类模型中，概化水库的一般机理是将自然河道在水库坝址处分段，上游河段采用马斯京根法计算水库入流量，下游以水库出流量替代上游来水量采用马斯京根法进行下游河道汇流演算[40]。然而，采用马斯京根法的水文模型可能存在一些局限导致该水库模块难以从物理机制上进一步刻画水库在水循环中的作用。

（1）在实际中，水库蓄水期上游水位壅高，改变了水面比降，进一步影响水库上游汇流过程并反馈给水流入库过程。由于马斯京根法的简化，难以通过水库上游水位和面积的变化直接实现对上述过程的定量描述。

（2）在实际中，水库调蓄导致下游河道水面高程改变，引起饱和土壤达西定律中静水压力势梯度改变[41]，从而进一步通过影响下渗速率并反馈给地表水汇流过程。

上述局限使这类水库模块的物理机制较为粗糙，与实际不完全相符，难以刻画多种水文过程与水库群的多重互馈作用。随着分布式水文模型的进一步发展，对热通量、蒸散发、地下水、产汇流等模块参数化的进一步完善，使得水库模块与陆面水文模式之间的双向耦合成为可能，即水库可以对各个水文过程直接产生影响，受水库影响的水文过程又可以反馈给水库模块，使两者之间实现动态耦合。

由于资料不足以及对中小型水库群的认识较少，现有水文模型中水库的耦合往往集中于大型水库。然而，近年来的研究表明，中小型水库群具有可观的累积效应也可以显著影响地表径流过程，忽略中小型水库群则无法有效反映实际情况[42-45]。受制于小型水库群的资料缺乏，以往涉及中小水库群的研究普遍是以统计手段将中小水库群聚合成一个虚拟的"聚合水库"放置于子流域出口处，通过模拟该聚合水库对下游径流的影响来估计水库群对下游径流量的影响[44]。例如，Güntner 等[46]将巴西干旱区的一流域内划分为数个子流域，将每个子流域内的水库按库容大小分成 5 个等级，库容越大等级越高，然后在子流域内将每个等级的水库聚合成一个大水库，并假定等级低的水库始终汇流入等级高的水库内，利用该汇流框架概化水库群的影响。Malveria 等[47]沿用了 Güntner 的框架，对巴西一半干旱区流域内水库群的影响进行了评估，发现随着当地水库的兴建，流域水资源的可持续性得到了提高。"聚合水库"克服了水库数目过多时资料不足的问题，然而该方法基于聚合水库与水库群对下游径流具有等效影响这一假设。总体而言，如何在区域尺度的模式构建中实现水库与河流之间拓扑关系的合理表达仍然是相关研究的重点和难点。近年来，遥感和卫星测高技术的发展使远距离获取小水库群的地理位置、拓扑信息及几何参数成为可能，有望为进一步精细化模拟小水库群的水文影响提供数据支撑[48]。

1.3.3　水库群对水循环的影响

水库群对下游径流的影响的评估方法主要有两种：径流资料分析法（observation - based approach）和数值模拟法（model - based approach）。

径流资料分析法主要是通过水文统计分析等手段或者利用水库建成年份，将历史长径流序列划分为"影响前"和"影响后"两个阶段，分别代表水库建库前和建库后的径流过程，通过比较两者之间变化来定量估计水库的影响[49-52]。例如，Zhang 等[49]采用 IHA/RVA 法对珠江流域建库前后径流序列进行分析，发现水库可以显著改变下游径流过程，月径流分布更加平均，降低极端水文事件发生的频率；Räsänen 等[50-51]通过收集湄公河流域建库前和建库后的径流资料进行分析，发现建库后流域的枯水期流量显著增加，洪峰流量显著减小；Li 等[52]也在湄公河流域得到了相似的结论。Hu 等[53]通过径流资料分析，量化了蚌埠站以上的所有水库对淮河流域的生态水文影响，发现水库群对流域生态水文条件有显著影响，尤其是在枯水季。张峰远[54]通过分析 33 个水文改变度指标，得到大伙房水库运行对下游径流的影响程度，结果表明大伙房水库建设后下游水文情势发生了不同程度的变化，水库运行对浑河径流的改变程度属于高度改变。然而，径流资料分析法具有以下局限性，限制了其在区域尺度研究中的应用：

（1）需要有明确的"影响前"和"影响后"阶段。然而在区域尺度的研究中，水库数量较多，自有径流资料以来往往是每一年都有数个水库建成并下闸蓄水，很难明确划分出"影响前"和"影响后"的阶段。

（2）需要假设其他人类活动的影响可以忽略不计。如果其他人类活动，如取用水、土地利用等较为显著或随时间变化，则难以从径流资料上区分水库影响和其他人类活动影响。

（3）不能用于假设性情景研究。资料分析法是基于既定事实的统计分析方法，无法基于假设情景开展分析，如考察待建梯级水库群不同组合方式对径流的可能影响。

为了克服这些局限性，基于模型的数值模拟方法逐渐发展起来，例如在水文模型中添加水库模块，可以用于模拟水库群在流域中的水文效应。Ngo 等[55]利用 SWAT 模型、WEAP 模型和实际水库蓄泄规则模拟气候变化背景下湄公河流域未来月水资源量可变化趋势，发现水库群可以抵消气候变化对水资源量的影响；Wang 等[56]利用 GBHM - LMK

模型和概念性水库蓄泄规则分析气候变化背景下湄公河流域未来洪峰流量的变化趋势，发现湄公河流域未来洪峰流量将显著增加，且流域内 22 座大型水库不能完全抵消洪峰流量的增加趋势；Hoang 等[57]通过数值模拟得到了相似的结论；Ehsani 等[58]建立了考虑水库的汇流模型，发现水库群对下游径流过程的调蓄作用明显，且大型水库的调蓄作用强于小型水库，同样库容下一个大型水库的调蓄作用比数个小型水库强；Wen 等[30]建立了元江流域的 SWAT 模型并纳入了流域中六个水库的蓄泄规则，量化了气候变化背景下水库对下游河流的水文效应和生态效应。

无论是径流资料分析法还是数值模拟法，各研究在河流径流量方面都能得到颇为相似的结论：水库调度可使丰水期的下游河流径流量减少，枯水期的河流径流量上升，年径流量略有减小，洪峰量级减小，峰现时间延后，洪水出现频率下降[55-65]。在高流量事件发生频率（high pulse spell count）、低流量事件发生频率（low pulse spell count）、日径流量变化率等指标上，不同研究所得出的结论则大相径庭。例如，Zhang 等[66]通过对1973—2010 年北京市密云水库的分析得出，建库后水库下游径流的变异性有所增加，而Lu 等[45]则得到相反的结论，Ehsani 等[58]利用水库调蓄模块和水文汇流模型考察水库群的水文影响，同样认为水库运行会减少下游径流的变异性。上述研究之间的差异表明，不同类型的水库对径流的影响可能不一致甚至相反。

这类径流的变化多数直接由水库调蓄引起，而少部分则由水库影响产流量、地表水-地下水交换量、地下水位、土壤含水量、蒸散发量等其他陆面水文过程间接造成。例如，水库水面面积增大可能会造成一部分降水直接转化为径流；Potter、Pokherl 和 Lv 等[67-69]人发现，水库向周边地下水含水层的渗漏可以显著抬高局部地区的地下水位，从而增加地下水向地表水的出流量，最终增加地表水量；同时，水库可以增加局部土壤含水量，从而提高蒸散发量。然而，这些结论总体上较为粗糙，水库对水循环的整体影响规律尚未厘清。

第 2 章

数理统计方法及水文模型

2.1 水文演变规律分析方法

2.1.1 空间插值方法

目前，气象水文领域的空间插值方法主要有三大类[70]，分别是整体插值法（趋势面法、多元回归法）、局部插值法（泰森多边形法、反距离加权法、克里金插值法和样条法）和混合插值法（整体插值法与局部插值法的综合）。考虑高程的协同克里金插值较为常用，同时插值误差相对较小[71-72]，本书采用考虑高程的协同克里金插值方法对各气象要素进行插值分析，其原理如下：

设研究区域为 A，区域化变量（即欲研究的物理属性变量）为 $\{Z(x) \in A\}$，x 表示空间位置（一维、二维或三维坐标），$Z(x)$ 在采样点 $x_i(i=1,2,\cdots,n)$ 处的属性值为 $Z(x_i)(i=1,2,\cdots,n)$，则根据普通克里金插值原理，未采用点 x_0 处的属性值 $Z(x_0)$ 估计值是 n 个已知采样点属性值的加权值，即

$$Z(x_0) = \sum_{i=1}^{n} \lambda_i Z(x_i) \quad \lambda_i (i=1,2,\cdots,n) \tag{2.1}$$

假设区域化变量 $Z(x)$ 在整个研究区域内满足二阶平稳假设：

(1) $Z(x)$ 的数学期望存在且等于常数，即 $E[Z(x)]=m$（常数）。

(2) $Z(x)$ 的协方差存在且只与两点之间的相对位置有关。

或满足本征假设：

(1) $E[Z(x_i)-Z(x_j)]=0$。

(2) 增量的方差存在且平稳，即 $\text{var}[Z(x_i)-Z(x_j)]=E[Z(x_i)-Z(x_j)]^2$。

依据无偏性要求 $E[Z^*(x_0)]=E[Z(x_0)]$，经推导可得

$$\sum_{i=1}^{n} \lambda_i = 1 \tag{2.2}$$

在无偏条件下使估计方差达到最小，即

$$\min\left\{\text{var}[Z^*(x_0)-Z(x_0)]-2\mu\sum_{i=1}^{n}(\lambda_i-1)\right\} \tag{2.3}$$

式中：μ 为拉格朗日乘子。

可得求解权系数 $\lambda_i(i=1,2,\cdots,n)$ 的方程组：

$$\begin{cases} \sum_{i=1}^{n} \lambda_i \mathrm{cov}(x_i - x_j) - \mu = \mathrm{cov}(x_0, x_i) \\ \hspace{5cm} (i = 1, 2, \cdots, n) \\ \sum_{i=1}^{n} \lambda_i = 1 \end{cases} \tag{2.4}$$

求出诸权系数 $\lambda_i (i = 1, 2, \cdots, n)$ 的方程组中协方差 $\mathrm{cov}(x_i - x_j)$ 若用变异函数 $\gamma(x_i - x_j)$ 表示时，形式为

$$\begin{cases} \sum_{i=1}^{n} \lambda_i \gamma(x_i - x_j) - \mu = \gamma(x_0, x_i) \\ \hspace{5cm} (i = 1, 2, \cdots, n) \\ \sum_{i=1}^{n} \lambda_i = 1 \end{cases} \tag{2.5}$$

变异函数定义为

$$\gamma(x_i, x_j) = \gamma(x_i - x_j) = \frac{1}{2} E[Z(x_i) - Z(x_j)]^2 \tag{2.6}$$

由克里金插值所得到的方差为

$$\sigma^2 = \mathrm{var}[Z^*(x_0) - Z(x_0)] = \mathrm{cov}(x_0, x_0) - \sum_{i=1}^{n} \lambda_i \mathrm{cov}(x_0, x_i) + \mu \tag{2.7}$$

或

$$\sigma^2 = \sum_{i=1}^{n} \lambda_i \gamma(x_0, x_i) - \gamma(x_0, x_0) + \mu \tag{2.8}$$

2.1.2 趋势分析方法

通过统计检验方法开展时间序列趋势分析，可以明确序列随时间的增减变化规律，并判断这种变化趋势是否显著。总体上，趋势分析方法可以分为参数检验法和非参数检验法两大类。本书运用倾向率法和 Mann - Kendall 非参数秩次检验法（M－K 趋势检验法）综合分析各要素时间序列的变化趋势。

2.1.2.1 倾向率法

采用一次方程来描述时间序列的趋势变化。设某站水文要素的时间序列为 x_1，x_2，$\cdots$，x_n，x_i 与 t 之间的一元线性回归方程为

$$y_i = a + b t_i \quad (i = 1, 2, \cdots, n) \tag{2.9}$$

式中：a 为回归常数；b 为回归系数。

a 和 b 可以用最小二乘法求得。回归系数 b 作为时间序列变化的倾向率，其大小能反映时间序列的变化速率：$b > 0$ 时，时间序列呈上升趋势；$b = 0$ 时，时间序列趋势没有变化；$b < 0$ 时，时间序列呈下降趋势。其显著性通过 F 检验进行判断：在原假设总体回归系数为 0 的条件下，统计量 F 遵从分子自由度为 1，分母自由度为 $(n-2)$ 的 F 分布，其检验统计量可表示为

$$F = \frac{r^2}{\frac{1 - r^2}{n - 2}} \tag{2.10}$$

其中 r^2 为决定系数，当 $F > F_\alpha$，认为回归方程和相关系数是显著的，F_α 可以通过 F 检验临界值表查询。

2.1.2.2　M－K 趋势检验法

M－K 趋势检验法（Mann－Kendall）是一种非参数秩次相关检验方法，趋势不需要样本遵从正态分布，也少受异常值的干扰，适用于如气象、水文等顺序变量。假设时间序列数据 $(x_1, x_2, \cdots, x_n)$ 是独立的、随机变量同分布的样本，对所有值 $(x_i, x_j, i, j \leqslant n$ 且 $j > i)$，x_i, x_j 的分布是不同的。当 $n > 1$ 时，趋势检验的统计变量 S 计算如下：

$$S = \sum_{i=1}^{n-1} \sum_{j=i+1}^{n} \mathrm{Sgn}(x_j - x_i) \tag{2.11}$$

$$\mathrm{Sgn}(x_j - x_i) = \begin{cases} +1 & (x_j - x_i) > 0 \\ 0 & (x_j - x_i) = 0 \\ -1 & (x_j - x_i) < 0 \end{cases} \tag{2.12}$$

式（2.11）S 是均值为 0 的正态分布，方差 $\mathrm{var}(S) = [n(n-1)(2n+5)]/18$。当 $n > 10$ 的时候，标准正态统计变量 Z 通过下式计算：

$$Z = \begin{cases} \dfrac{S-1}{\sqrt{\mathrm{var}(S)}} & S > 0 \\ 0 & S = 0 \\ \dfrac{S+1}{\sqrt{\mathrm{var}(S)}} & S < 0 \end{cases} \tag{2.13}$$

$Z_{1-\alpha/2}$ 为标准正态分布 $1-\alpha/2$ 分位数。采用双边趋势检验，给定的显著性水平 α；若 $|Z| \geqslant Z_{1-\alpha/2}$，则拒绝原假设，即认为在 α 显著水平，时间序列有显著变化趋势；若 $|Z| < Z_{1-\alpha/2}$，则接受原假设，认为趋势不显著。统计变量 $Z > 0$ 时，表示呈上升趋势；$Z < 0$ 时，则呈下降趋势。

2.1.3　突变分析方法

在气象水文领域，对气象水文要素进行突变分析常用的方法主要包括 M－K 突变检验（Mann－Kendall）、Pettitt 突变检验、Lepage 法、滑动 T 检验等，各方法在原理上具有相似性。本书主要结合 M－K 突变检验法和滑动 T 检验法，对水文气象要素开展突变分析。

2.1.3.1　M－K 突变检验法

M－K 突变检验中，时间序列为 $t_1, t_2, \cdots, t_n$，构造一秩序列 r_i。定义 S_k：

$$S_k = \sum_{i=1}^{k} r_i \qquad (k = 2, 3, \cdots, n) \tag{2.14}$$

$$\begin{cases} r_i = +1, t_i > t_j & (j = 1, 2, \cdots, n) \\ r_i = 0, \quad t_i \leqslant t_j & (1 \leqslant j \leqslant i) \end{cases} \tag{2.15}$$

S_k 均值 $E(S_k)$ 以及方差 $var(S_k)$ 定义如下：

$$E(S_k)=\frac{n(n+1)}{4}$$ (2.16)

$$var(S_k)=\frac{n(n-1)(2n+5)}{72}$$ (2.17)

在时间序列随机独立假定下，定义统计量：

$$UF_k=\frac{S_k-E(S_k)}{\sqrt{var(S_k)}}\quad(k=1,2,\cdots,n)$$ (2.18)

其中 $UF_1=0$。UF_k 为标准正态分布，对于已给定的显著性水平 α，当 $|UF_k|>U_\alpha$，表明序列存在一个明显的增长或减少趋势，UF_k 表示为 c_1。把此方法引用到反序列中，再重复上述计算过程，并使计算值乘以 -1，得到 UB_k，UB_k 表示为 c_2。分别绘出 UF_k 和 UB_k 的曲线，若 UF_k 的值大于 0，则表明序列呈上升趋势，小于 0 则表明呈下降趋势；当 UF_k 超过信度线时，即表示存在明显的上升或下降趋势；若 c_1 和 c_2 的交点位于信度线之间，则此点可能就是突变点的开始。

2.1.3.2 滑动 T 检验法

通过设置某一时刻为基准点，将含 n 个样本量的时间序列 x 划分为基准点前后两段子序列 x_1 和 x_2 的样本为 n_1 和 n_2，其平均值为 $\overline{x_1}$ 和 $\overline{x_2}$，方差为 S_1^2 和 S_2^2，定义统计量：

$$t=\frac{\overline{x_1}-\overline{x_2}}{S_w\sqrt{\frac{1}{n_1}+\frac{1}{n_2}}}$$ (2.19)

$$S_w=\sqrt{\frac{n_1S_1^2+n_2S_2^2}{n_1+n_2-2}}$$ (2.20)

给定显著水平 α，若 $|t_i|>t_\alpha$ 则认为发生突变。采用滑动的办法连续设置基准点，基准点前后两个子序列的长度一般相同，$n_1=n_2$；分别计算 t 统计量，得到统计序列 t_i，$i=1,2,\cdots,[n-(n_1+n_2)+1]$；对于显著水平 α，若 $|t_i|<t_\alpha$ 则认为基准点前后的两个子序列均值无显著差异，否则认为突变时刻即为该基准点。

2.1.4 水文变异指标法

水文变异指标法（Indicators of Hydrologic Alterations，IHA）最初由 Richter 在 1996 年提出，是一种量化人类活动对河流水文情势扰动程度的指标体系，常用于评估水库调蓄对水文情势的影响[45,49,58]。IHA 采用 32 个生态水文指标考察特定河流断面的径流过程。按照水文情势的径流、洪枯水、生态等基本特征，这些指标可以分为五大类：①月径流量指标；②年极端水文事件的径流量及历时指标；③年极端水文事件出现时间指标；④高流量事件和低流量事件的频率和历时指标；⑤径流量的变化速度和频率指标。本书中，定义高流量事件为径流量高于多年平均径流量加 1 个径流量标准差的时段对应的事件，定义低流量事件为径流量低于多年平均径流量减 1 个径流量标准差的时段对应的事件。上述 32 个指标的名称及含义详见表 2.1。

表 2.1　　　　　　　　　　　**IHA 法的 32 个生态水文指标**

序号	类别	指标含义	简写
1～12	①	多年平均月径流量	Q1-12
13～17	②	年最大 1、3、7、30、90 天平均径流量	MAX1, 3, 7, 30, 90
18～22		年最小 1、3、7、30、90 天平均径流量	MIN1, 3, 7, 30, 90
23		基流指数	BL
24/25	③	每年最大/最小日径流量的出现日期	JMAX/JMIN
26/27	④	每年高流量事件的发生次数和平均历时	NH 和 DH
28/29		每年低流量事件的发生次数和平均历时	NL/DL
30	⑤	日径流量的平均增加速率	RR
31		日径流量的平均减少速率	FR
32		径流拐点的发生次数	NHR

2.2　水循环模拟模型

本节分别对 SWAT 分布式水文模型和 CLHMS 分布式陆面水文耦合模式进行介绍。

2.2.1　SWAT 模型

SWAT 模型开发的最初目的是为了预测在大流域复杂多变的土壤类型、土地利用方式和管理措施条件下，土地管理对水分、泥沙和化学物质的长期影响[39]。SWAT 为半分布式水文模型，模型常用的划分方法为依据子流域划分，对每一个子流域，又可以根据其中的土壤类型、土地利用和地形的组合情况，进一步划分为单个或多个水文响应单元（Hydrologic Response Units，HRUs），该水文响应单元是模型中最基本的计算单元，并认为该单元内所有水量平衡过程具有一致性。该模型可应用的领域包括评价分析土地利用以及气候变化对水文过程和水质的影响[73,75]。

SWAT 模型主要有以下特征[76]：

（1）基于物理机制，物理过程（包括水分和泥沙输移、作物生长和营养成分循环等）直接反映在模型中。该机制的优点在于：①可应用于缺乏观测数据（如河流流量）的流域；②可以定量评价管理措施、气象条件、植被覆盖等变化对水量水质的影响。

（2）模型采用的数据是可以从公共数据库得到的常规观测数据。

（3）计算效率高，可模拟特大流域或多种管理方案。

（4）SWAT 模型采用时间步长为日，可进行长时间连续计算。

2.2.1.1　水文循环过程

SWAT 模型在 HRUs 上利用水量平衡模拟陆地水文循环过程，水文循环过程的水量平衡方程为

$$SW_t = SW_0 + \sum_{i=1}^{t} (R_{\text{day}} - Q_{\text{surf}} - E_{\text{a}} - w_{\text{seep}} - Q_{\text{gw}}) \tag{2.21}$$

式中：SW_t 为土壤最终含水量，mm；SW_0 为土壤前期含水量，mm；t 为时间，d；R_{day} 为第 i 天的降雨量，mm；Q_{surf} 为第 i 天的地表径流量，mm；E_a 为第 i 天蒸发量，mm；w_{seep} 为第 i 天土壤剖面的测流量和渗透量，mm；Q_{gw} 为第 i 天地下水含量，mm。

2.2.1.2　产汇流过程

SWAT 模型可对流域内发生的各类物理过程进行模拟，建模时需要将流域划分为若干子流域，并在若干子流域内部再细化为自然子流域（Subbasin）。该模型的模拟过程为两步：一是产流阶段，将每个自然子流域中的泥沙及各类营养物等汇入主河道；二是河道汇流阶段，主要指流域河网中的泥沙、水流等向流域总出水口的运移过程。SWAT 模型水文剖面及河道汇流如图 2.1 所示。

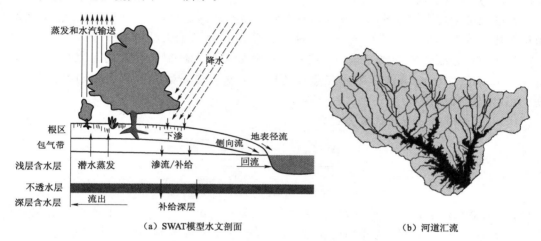

（a）SWAT模型水文剖面　　　　　（b）河道汇流

图 2.1　SWAT 模型水文剖面及河道汇流

通常 SWAT 模型使用 SCS 曲线进行日步长的地表产流模拟，SCS 降水径流关系曲线（图 2.2）表明：地表沿坡面形成的水流是地表径流，当土壤湿度较低（干燥）时，土壤下渗量较大；随着土壤湿度不断增加，土壤下渗率会逐渐降低；若土壤下渗率小于降雨强度，则先进行填洼，并在填满后产生地表径流。

SCS 曲线的描述方程为

$$Q_{surf}=\frac{(R_{day}-I_a)^2}{R_{day}-I_a+S} \qquad (2.22)$$

$$S=25.4\times\left(\frac{1000}{CN}-10\right) \qquad (2.23)$$

式中：Q_{surf} 为累计净流量或超渗雨量，mm；R_{day} 为某天的雨深，mm；I_a 为初始损失，主要包括产流前的截留量、下渗及地表滞留量，一般可以近似为 $0.2S$，mm；S 为滞留参数，mm；CN 值为某天

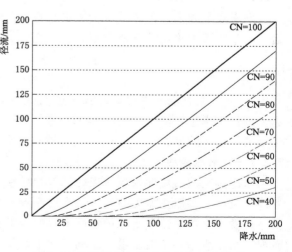

图 2.2　描述径流与降水关系的 SCS 曲线

的曲线值，该值为无纲量常数，作为反映降雨前流域特征值的综合参数。

在 SCS 曲线中，当 R_{day} 大于初损时，地表出现产流。

模型中河道汇流计算方法包括两种：变动储水系数模型和马斯京根法[77]，本书采用变动储水系数模型计算汇流，计算公式为

$$q_{out,2} = \left(\frac{2\Delta t}{2TT + \Delta t}\right)q_{in,ave} + \left(1 - \frac{2\Delta t}{2TT + \Delta t}\right)q_{out,1} \tag{2.24}$$

式中：$q_{out,2}$ 为时间步长末出流量，m^3/s；$q_{out,1}$ 为时间步长初出流量，m^3/s；Δt 为时间步长，s；$q_{in,ave}$ 为时间步长内平均流量，m^3/s。

2.2.1.3 蒸散发模块

蒸散发是指地表附近的固态或液态的水分变为气态的过程，这个过程主要包括湖泊、植被、裸土等表面蒸发，植物蒸腾——冰雪升华等。地球上大约有 62% 的降水被蒸发，这也是流域水分散失的重要方式，因此精准的蒸发将极大地提高模式的可靠性。SWAT 选取 Penman - Monteith 法作为研究蒸发的模拟方法，输入数据包括太阳辐射、空气温度、相对湿度和风速等。

Penman - Monteith 法计算公式为

$$\lambda E = \frac{\Delta(H_{net} - G) + \frac{\rho_{air}c_p[e_z^o - e_z]}{r_a}}{\Delta + \gamma\frac{1 + r_c}{r_a}} \tag{2.25}$$

式中：λ 为潜热通量密度，$MJ/(m^2 \cdot d)$；E 为蒸发率，mm/d；Δ 为饱和水汽压与温度关系曲线斜率，de/dT；H_{net} 为净辐射通量，$MJ/(m^2 \cdot d)$；G 为到达地表的热量通量密度，$MJ/(m^2 \cdot d)$；ρ_{air} 为空气密度，kg/m^3；c_p 为恒压条件下特定热量，$MJ/(kPa/℃)$；e_z^o 为高度 z 处饱和水汽压，kPa；e_z 为高度 z 处实际水汽压，kPa；γ 为湿度计算常数，$kPa/℃$；r_c 为植物冠层阻抗，s/m；r_a 为空气动力阻抗，s/m。

2.2.1.4 壤中流模块

地表以下和临界饱和带以上的水流称之为壤中流，SWAT 模型可以模拟陡峭山坡下运行的二维壤中流，计算公式为

$$Q_{lat} = 0.024 \times \frac{2SW_{ly,excess}K_{sat}slp}{\phi_d L_{hill}} \tag{2.26}$$

式中：Q_{lat} 为某日汇入主河道的侧向径流（壤中流），mm；$SW_{ly,excess}$ 为某日土壤内部存水量的排出水量，mm；K_{sat} 为饱和下渗系数，mm/h；slp 为子流域的平均坡度，%；ϕ_d 为土壤的有效孔隙度，mm/mm；L_{hill} 为坡长，m。

2.2.1.5 水库模块

水库调度的实质即选择适当的蓄水和泄水方式。在实际应用中，进行水库调度通常需要以下资料：①泄流能力曲线；②水位库容曲线，一般需要通过实际测量绘制获得；③下游河道的安全泄量，用于保护水库下游的防洪安全；④水库允许的最小下泄流量，保证下游河道最小生态环境需水量；⑤调度期末水位，是水库的兴利与防洪的矛盾所在；⑥水库允许的最高水位，用于保证水库安全以及上游防洪效益；⑦不同泄流设备的运用条件；

⑧相邻时段允许的出库流量的变幅。SWAT 模型针对有闸门控制水库的建模可以说是对真实调度的一种简单参数化,优点是不需要收集大量水库资料,受到水库资料的限制性小。

SWAT 模型将实际水库简化为仅存在正常溢洪道和非常溢洪道两类[74],忽略了泄洪隧洞和泄水孔。依据这两种溢洪道启用相应水位和库容,制定汛期和非汛期的目标库容。具有闸门控制水库的数学模型为

$$V_{targ} = V_{em} \quad \text{if} \quad mon_{fld,beg} < mon < mon_{fld,end}$$

$$V_{targ} = V_{pr} + \frac{1 - \min\left(\dfrac{SW}{FC}, 1\right)}{2}(V_{em} - V_{pr}) \tag{2.27}$$

$$\text{if} \quad mon \leqslant mon_{fld,beg} \quad \text{or} \quad mon \geqslant mon_{fld,end}$$

式中:V_{targ} 为某日目标库容,m^3;V_{pr} 为防洪限制水位相应库容,m^3;V_{em} 为防洪高水位相应库容,m^3;SW 为子流域平均土壤含水量,m^3/m^3;FC 为子流域的田间持水量,m^3/m^3;$mon_{fld,beg}$ 为汛期起始月份;$mon_{fld,end}$ 为汛期终止月份。

具体计算时,首先依据式(2.27)确定水库的预期目标库容,再依据式(2.28)计算出库流量。

$$q_{出流} = \frac{V - V_{目标}}{T_{目标}} \tag{2.28}$$

式中:V 为水库当前库容,m^3;$T_{目标}$ 为达到目标库容所需时间,s。

2.2.2 CLHMS 模式

陆面水文耦合模式 CLHMS 为陆面模式 LSX 与分布式水文模型 HMS 的双向耦合模式,其详细结构如图 2.3 所示。陆面模式 LSX 通过降水、太阳辐射、气温、风速、气压、比湿、云层面积等气象要素计算产流量、蒸散发量和土壤下边界的水分通量并传递给分布式水文模型 HMS,HMS 对地表水和地下水进行汇流,计算深层包气带的含水量和地下水位并反馈给陆面模式 LSX,更新 LSX 土壤下边界的水分通量。

2.2.2.1 陆面模式 LSX

LSX 是全球大气模式 GENESIS(Global Environmental and Ecological Simulation of Interactive Systems)的陆面模式,在区域尺度的研究中可主要分为植被模块、积雪模块、土壤模块、海洋模块。

(1)植被模块将植被分为两层,利用空气动力学方法计算植被层的温度和蒸散发量,考虑了植被层的降水截留过程、降水截留量的蒸发损失和自然滴落过程,同时考虑了雾露凝结、截留降水的凝结和融化等物理过程。

(2)积雪模块将积雪分为三层,其中表层厚度 5cm,第二和三层厚度相等,随积雪总厚度变化而变;积雪层及其与地表间的热量通量按线性扩散方法计算。当积雪层温度大于融点时,形成融雪,作为地表降水量的校正,同时温度降低到融点温度。积雪表面的蒸发量根据空气动力学计算。

(3)土壤模块将表层土壤分为六层,从上到下每层的厚度为 0.05m、0.10m、0.2m、0.40m、1.0m 和 2.5m,总厚度为 4.25m。利用理查德方程计算每层的土壤含水量、含冰

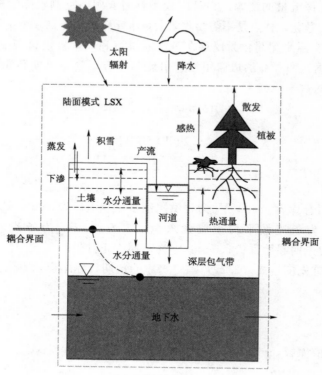

图 2.3　陆面水文耦合模式 CLHMS 结构

量，当下层土壤的相对含水量大于 1 时，多余的水分补给到上层土壤含水量。模块按线性扩散和地表能量平衡计算土壤层的温度和土壤层间的热量交换，利用空气动力学方法计算最上层土壤的蒸发量。当不与水文模型耦合时，土壤下边界的水分通量通常按零或自由出流计算。土壤模块同时负责陆面模式中产流量的计算，模式中陆地产流量由超渗产流和蓄满产流构成。当降水速率超过地表下渗能力时，产生超渗产流。当最上层土壤的含水量达到饱和时，多余的水分成为蓄满产流。

（4）海洋模块将垂直方向的海洋水体看作一个整体，按地表能量平衡计算海水温度和海面垂直热量交换，忽略热量在水平方向上的交换。LSX 中的海面蒸发和潜热通量按空气动力学方法计算，即

$$E = \rho C_e |U_a| (q_s - q_a) \tag{2.29}$$

$$\lambda E = \rho C_e L_v |U_a| (q_s - q_a) \tag{2.30}$$

式中：E 为海面蒸发量，mm/s；λE 为单位面积的潜热通量，W/m^2；ρ 为空气密度，kg/m^3；C_e 为潜热/水分交换系数；L_v 为海水比热容，[J/(kg·K)]；U_a 为海面风速，m/s；q_s 为海面温度对应的饱和比湿；q_a 为比湿。

ρ、U_a 和 q_a 应在同一高度上。潜热/水分交换系数 C_e 可由下式计算：

$$C_e = k^2 \left(\ln \frac{z_m - d}{z_{om}} \cdot \ln \frac{z_h - d}{z_{oh}} \right)^{-1} \tag{2.31}$$

式中：k 为 Von - Karman 常数；z_m、z_h 分别为风速和比湿数据对应的高度；d 为零平面位移高度；z_{om}、z_{oh} 分别为动量和潜热/水分的粗糙度长度。

由于 CLHMS 缺乏描述内陆湖泊水体的模块，将海水的密度、冰点、比热容等替换为淡水的相应值，利用海洋模块模拟内陆湖泊的水分能量通量过程。

2.2.2.2 分布式水文模型 HMS

HMS 是基于早期的水文模型系统 Hydrologic Modeling System 发展的物理机制分布式水文模型[78-80]。该模型能够在均匀网格上运行，网格分辨率通常在 1～20km，可以显示预报河流汇流过程、流量、河流-包气带通量、河流-地下水通量、包气带土壤含水量、湖泊面积与深度、地下水深和二维地下水流。

HMS 主要包括四个子模块：地表水动力模块、地下水模块、土壤水模块和河湖-地下水相互作用模块。

1. 地表水动力模块

与传统的 D8 算法和一维扩散波方程汇流方法不同，HMS 采用多流向算法和二维扩散波方程[80]。河道/湖泊汇流模块由网格地表水面高程 h_1 控制。若 $h_1 \leqslant e$（e 为地表高程），则网格存在河流，此时河床面积与网格面积的比值为 f_b；若 $h_1 > e$，整个网格均为湖泊，此时 $f_b = 1$。河流和湖泊水流运动以及水面高程 h_1 的变化由连续性方程和忽略惯性项的动量方程构成的二维扩散波方程组计算。

（1）连续性方程：

$$\frac{\mathrm{d}h_1}{\mathrm{d}t} + \left(\frac{\mathrm{d}h_1 u_x}{\mathrm{d}x} + \frac{\mathrm{d}h_1 u_y}{\mathrm{d}y}\right) = (1 - f_b)R + f_b(P - E - C_u - C_g) - C_l \tag{2.32}$$

即

$$\frac{\mathrm{d}h_1}{\mathrm{d}t} + \frac{1}{w}\left(\frac{\mathrm{d}Q_x}{\mathrm{d}x} + \frac{\mathrm{d}Q_y}{\mathrm{d}y}\right) = (1 - f_b)R + f_b(P - E - C_u - C_g) - C_l \tag{2.33}$$

式中：h_1 为网格地表水深度，L；u_x、u_y 为地表水流速，LT^{-1}；Q_x、Q_y 为地表水通量，$L^3 T^{-1}$；f_b 为水面面积系数，$L^2 L^{-2}$；R、P、E、C_u、C_g 和 C_l 分别为产流量、降水量、潜在蒸散发量、河流-包气带通量、河流-地下水通量和湖泊-地下水通量，LT^{-1}。

当 $h_1 \leqslant e$ 时，w 为河道宽度，L；否则 w 为网格长度，L。

（2）动量方程：

$$g\frac{Q_x^2}{K^2} = g\left(i_x - \frac{\mathrm{d}z}{\mathrm{d}x}\right) = -g\frac{\mathrm{d}h_1}{\mathrm{d}x} \tag{2.34}$$

$$g\frac{Q_y^2}{K^2} = g\left(i_y - \frac{\mathrm{d}z}{\mathrm{d}y}\right) = -g\frac{\mathrm{d}h_1}{\mathrm{d}y} \tag{2.35}$$

其中

$$K = \frac{AD^{\frac{2}{3}}}{n} \tag{2.36}$$

式中：i_x、i_y 为底坡，$L^1 L^{-1}$；z 为水深，L；K 为流量模数；D 为湿周，L；n 为糙率，$L^1 L^{-1}$；g 为重力加速度，LT^{-2}，其余同式（2.32）和式（2.33）。

联立连续性方程式（2.33）和动量方程式（2.34）、式（2.35）即可求解地表水面高程 h_1 及流量 Q。

由于 HMS 在全计算域上采用连续的二维扩散波方程，因此难以描述水库对天然连续水流的阻断作用以及水库对径流过程的调蓄作用，导致 HMS 缺乏对水库的模拟能力。

2. 地下水模块

地下水模块假定 LSX 土壤下边界之下存在一深层含水层，其深度为地表以下几十米到几百米，且忽略了不同水力特性的地层结构；假设地下水位以上包气带土壤水保持的连续垂向剖面，通过向下的重力排水量和向上的水分扩散达到平衡。LSX 土壤层之下含水层单位面积垂直土柱的总水量V_g采用二维 Boussinesq 方程求解：

$$\frac{\mathrm{d}V_g}{\mathrm{d}t} = \frac{\mathrm{d}}{\mathrm{d}x}\left[K_s(h_g-b)\frac{\mathrm{d}h_g}{\mathrm{d}x}\right] + \frac{\mathrm{d}}{\mathrm{d}y}\left[K_s(h_g-b)\frac{\mathrm{d}h_g}{\mathrm{d}y}\right] + (1-f_b)I + f_b(C_u+C_g) + C_l$$

(2.37)

式中：K_s为包气带饱和水力传导系数，LT^{-1}；h_g为地下水面高程，L；b为含水层底部高程，L；I为土壤深层渗漏量，LT^{-1}，即 LSX 底层土壤与 HMS 深层含水层之间的水分通量。

3. 土壤水模块

土壤水模块假设在深层含水层中地下水位以上存在一深层包气带，其土壤含水量为单一值，且该深层包气带向下的排水量和向上的水分扩散量相等，此时深层包气带土壤相对含水量 θ 可由均衡态的理查德方程表述为

$$K(\theta) + K(\theta)\frac{\partial \Psi(\theta)}{\partial z} = 0$$

(2.38)

式中：$K(\theta)$、$\Psi(\theta)$ 分别为土壤相对含水量为 θ 时的土壤水力传导系数和土壤基质势；z 为土壤与地面间的距离，L，向下为负。

土壤相对含水量 θ 有两种不同的表达形式：

（1）Brooks - Corey 形式[81] 为

$$\theta = \frac{\theta_a - \theta_r}{\theta_s - \theta_r}$$

(2.39)

（2）Clapp - Hornberger 形式[82] 为

$$\theta = \frac{\theta_a}{\theta_s}$$

(2.40)

式中：θ_a、θ_r、θ_s 分别为土壤含水量、凋萎系数和饱和含水量，均为绝对值。模型中 θ 的形式暂取式（2.39）。

经大量实验发现[81-82]，$K(\theta)$、$\Psi(\theta)$ 可写作 θ 的幂函数：

$$K(\theta) = K_s(\theta)^{2b+3}$$

(2.41)

$$\Psi(\theta) = \Psi_s(\theta)^{-b}$$

(2.42)

式中：b 为 Clapp - Hornberger 经验系数；K_s、Ψ_s 分别为饱和水力传导系数和饱和基质势。

联立式（2.38）、式（2.41）、式（2.42），则式（2.38）可简化为

$$1 - \Psi_s b\theta^{-b-1}\left(\frac{\mathrm{d}\theta}{\mathrm{d}z}\right) = 0$$

(2.43)

式中：z 为土壤与地面间的距离，L，向下为负。

在 z 方向上将式（2.43）积分，联立式（2.37），即可求得深层包气带土壤相对含水量 θ 和地下水位 h_g：

$$V_g = \int p\theta \mathrm{d}z + p(h_g - b) \tag{2.44}$$

式中：V_g 为 LSX 模式土壤层以下的含水层单位面积垂直土柱的总水量，L；p 为孔隙度，$\mathrm{L}^3\mathrm{L}^{-3}$。

4. 河湖-地下水相互作用模块

河湖-地下水相互作用模块假定河湖和地下水系统间存在弱透水层。河湖-地下水通量由饱和土壤的达西定律计算：

$$C_i = K_s \frac{h_g - h_l}{\Delta x} \quad (i = u, g, l) \tag{2.45}$$

式中：C_u、C_g 和 C_l 分别为河流-深层包气带通量、河流-地下水通量和湖泊-地下水通量，LT^{-1}；K_s 为河（湖）床饱和水力传导系数；Δx 为渗透距离，L；h_g 为地下水位，L；h_l 为地表水位，L。

由于缺乏河（湖）床饱和水力传导系数 K_s 以及渗透距离 Δx 的相关资料，故引入：

$$K_d = \frac{K_s}{\Delta x} \tag{2.46}$$

式中：K_d 为模块待率定参数，T^{-1}。

2.2.2.3 LSX 与 HMS 的耦合机制

地表水部分，将 LSX 计算得到的产流量 R 和潜在蒸散发 E 作为二维扩散波式（2.32）的源汇项，实现了地表水的耦合。

土壤水部分，将 LSX 土壤层下边界的水分通量作为 LSX 土壤层与 HMS 含水层之间的水分通量，其不再是陆面模式中常用的零通量或自由排水通量，而是由 LSX 底层土壤的含水量以及底层土壤与 HMS 地下水位之间基质势的梯度所决定。根据非饱和土壤的达西定律，LSX 与 HMS 间的水分通量 I，即式（2.33）和式（2.37）中的土壤深层渗漏量 I，可由下式确定：

$$I = K(\theta)\left(\frac{\mathrm{d}\Psi}{\mathrm{d}z} + 1\right) \tag{2.47}$$

基质势 Ψ 与土壤含水量具有如式（2.43）的经验函数关系。由于模型中只设置一层深层包气带和一个单一的土壤含水量，无法精确计算其偏导 $\dfrac{\mathrm{d}\Psi}{\mathrm{d}\theta}$。因此，假定基质势 Ψ 在 LSX 土壤下边界和 HMS 地下水面之间呈线性变化，即

$$\frac{\mathrm{d}\Psi}{\mathrm{d}z} = \frac{\Psi_{\mathrm{sat}} - \Psi(\theta)}{z_g - z_i} \tag{2.48}$$

式中：z_g、z_i 分别为 HMS 地下水位和 LSX 土壤下边界与地面之间的距离，L，向下为负。

通过式（2.33）、式（2.47）及式（2.48），LSX 与 HMS 实现了双向耦合，即陆面水文耦合模式 CLHMS。

第 3 章

雅砻江流域水库群水文效应评估

3.1 流域介绍

雅砻江位于青藏高原东南部，发源于巴颜喀拉山南麓，位于东经 96°～103°，北纬 26°～34°。作为金沙江左岸最大的一级支流，雅砻江干流全长 1535km，流域面积约 13 万 km²，天然落差 3192m，于四川攀枝花汇入金沙江[83]。雅砻江流域属川西高原气候区，干湿季分明，雨季（5—10 月）降雨较为集中，雨量占全年降雨量的 90%～95%。降水空间分布为由北向南递增，且东侧大于西侧，多年平均降水量为 500～2470mm。流域各地多年平均气温为 −4.9～19.7℃，总分布趋势由南向北呈递减趋势，并随海拔的增加而递减[84]。雅砻江支流众多，水系发育较好，多年平均径流量为 593 亿 m³，径流分布总体上与降雨分布一致。雅砻江流域水系水文站、水库分布情况如图 3.1 所示。

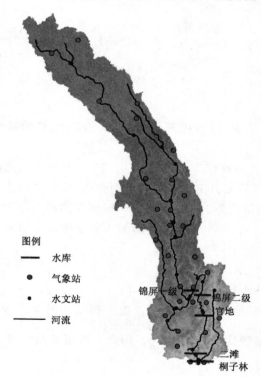

图 3.1　雅砻江流域水系水文站、水库分布

雅砻江下游的 5 级电站：锦屏一级、锦屏二级、官地、二滩和桐子林等电站均已建成投运[85]。其中，锦屏一级和二滩两座水库调节库容分别为 49.1 亿 m³ 和 33.7 亿 m³，总调节库容达 82.8 亿 m³。锦屏一级水电站是雅砻江干流下游河段的控制性电站，属年调节水库，对下游电站的补偿效益显著。官地水电站是雅砻江规划五级开发方式的第三个电站，上游与锦屏二级电站库水衔接，下游接二滩水电站库尾，属日调节水库。二滩水电站处于雅砻江下游，是雅砻江水电基地开发的第一个水电站。各水库的具体参数见表 3.1。

表 3.1 水 库 的 具 体 参 数

水库名称	建成投运年份	防 洪 高 水 位		防 洪 限 制 水 位	
		水位/m	对应库容/亿 m³	水位/m	对应库容/亿 m³
桐子林	2015	1015	0.72	1012	0.57
锦屏二级	2014	1646	0.14	1640	0.05
官地	2013	1330	7.29	1328	7.01
锦屏一级	2013	1880	77.65	1859.1	61.62
二滩	2000	1200	57.90	—	—

3.2 水循环要素变化分析

3.2.1 资料来源

气温、降水和水面蒸发资料均来自中国气象数据网（http：//data.cma.cn/），数据集名称是：中国地面国际交换站气候资料日值数据集（V3.0），1961—2010 年 194 个国际交换站。径流资料来源于二滩水文站，二滩水文站位于雅砻江下游，距雅砻江与金沙江的交汇点小于 50km，时间范围是 1958—2017 年。雅砻江流域气象和水文站点空间分布如图3.2 所示。

3.2.2 气温时空变化

3.2.2.1 气温趋势分析

选取雅砻江流域 17 个站点 1961—2010 年的气温资料，首先统计各站点年平均气温长时间序列，采用 M－K 检验法和倾向率法对流域气温年际变化进行趋势分析。用倾向率法分析气温序列，如图 3.3 所示。雅砻江流域年平均气温呈上升趋势，其在 1961—2010 年增温速率为 0.02℃/a。

对流域年平均气温进行 M－K 趋势检验，得到统计量 Z。通过两种趋势检验方法得到流域相关统计量见表3.2。流域年平均气温 M－K 趋势检验得到的统计量 Z 为正值，且满足$|Z|>Z_{0.995}(Z_{0.995}=2.58)$，即认为在

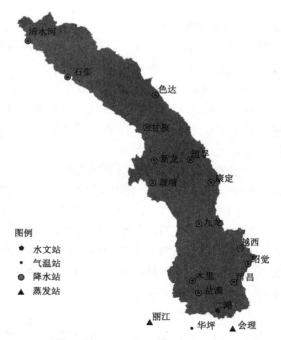

图 3.2 雅砻江流域气象和水文站点空间分布

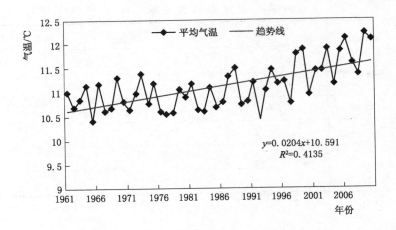

图 3.3　雅砻江流域气温趋势分析

0.01 显著水平下雅砻江流域年平均气温有显著上升趋势。通过倾向率法公式计算各流域检验统计量 F，均满足 $F > F_{0.01}$（$F_{0.01} = 7.20$），即通过了置信度为 0.01 的显著性检验，说明流域年平均气温与时间的相关性是显著的，且气温增加趋势是显著的。

表 3.2　　　　　　　　　　　雅砻江流域气温趋势检验结果

项目	统计量 Z	倾　向　率	相关系数 r^2	统计量 F
数值	4.4334	0.0204	0.4135	33.8414

3.2.2.2　气温突变分析

　　水文突变是指水文要素从一种稳定持续的变化趋势，跳跃式地转变到另一种稳定持续的变化趋势的现象，它表现为水文要素在时空上从一个统计特征急剧变化到另一个统计特征。这种现象普遍存在于气温、降水等水文系统中。大型水库的建成运行，打破了原有的水量时空分布规律，这种大范围大比例的水量分布变化可能会对流域水文要素产生一定的影响。虽然国际上对大型水库的生态环境影响问题还存在争议，但一般认为水库建成蓄水对大范围的气候影响并不明显，仅可能会改变当地的小气候[86]。

　　由于二滩站建库较早，而流域内其他水库均晚于 2010 年，因此选择二滩水库附近的会理气象站，观测二滩水库建成后水文要素是否发生突变。用 M－K 突变检验法对 1961—2010 年会理气象站及雅砻江流域年平均气温时间序列进行突变检验，结果如图 3.4 所示。从图 3.4 可以得出：雅砻江流域气温突变时间在 2001 年附近，2001 年后气温呈显著上升趋势；会理站气温突变时间可能在 2010 年，1961—2008 年会理站年平均气温呈不显著下降趋势。表明二滩水库有减缓气温上升的趋势，与目前水库对气温的影响趋势与理论基本一致，即水库具有一定的容温作用[87]。

3.2.2.3　气温空间分布

　　采用协同克里金插值法得到雅砻江流域气温空间分布如图 3.5 所示。可以看出多年平均气温从西北至东南逐渐增加，这与雅砻江流域的地形分布相吻合。位于西北端的色达站

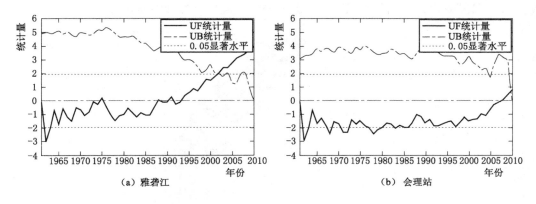

图 3.4　雅砻江流域气温 M - K 突变分析

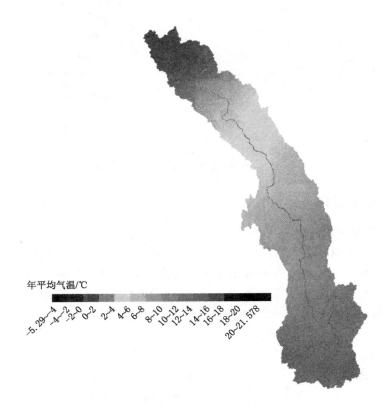

图 3.5　雅砻江流域气温空间分布

多年平均气温最低，为 0.33℃，位于南端的华坪站多年平均气温最高，为 19.70℃，最大温差为 19.37℃。

图 3.6 为雅砻江流域气温变化趋势图，从图中可以看出：整个流域年均气温变化趋势从下游向上游逐渐增加，下游区域气温变化趋势为 0.013~0.015℃/a，至上游四川木里站这一区域气温变化趋势为 0.032~0.048℃/a。即雅砻江流域增温速率即倾向率从上游

至下游呈现减缓趋势，表明流域上游升温速率快，流域下游升温速率慢。

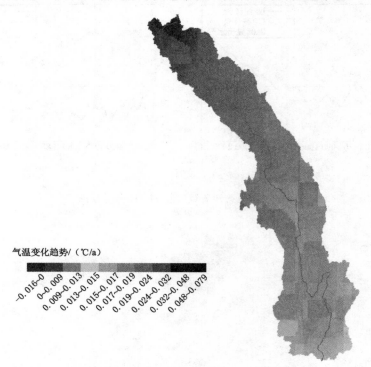

气温变化趋势/（℃/a）

-0.016—0 0—0.009 0.009—0.013 0.013—0.015 0.015—0.017 0.017—0.019 0.019—0.024 0.024—0.032 0.032—0.048 0.048—0.079

图 3.6 雅砻江流域气温趋势空间分布

3.2.3 降水时空变化

3.2.3.1 降水趋势分析

选取雅砻江流域内 17 个雨量站 1961—2010 年的降水资料。利用 ArcGIS 中泰森多边形方法计算流域面雨量，1961—2010 年多年平均降雨量为 801.1mm。用倾向率法分析流域的年平均降水长序列得到结果如图 3.7 所示。雅砻江流域年平均降水呈上升趋势，在 1961—2010 年年平均降水线性拟合增率为 0.14mm/a。

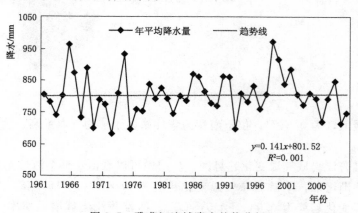

$$y=0.141x+801.52$$
$$R^2=0.001$$

图 3.7 雅砻江流域降水趋势分析

流域年平均降水量 M-K 趋势检验和倾向率算得的统计量见表 3.3，满足 $Z>0$，且 $|Z|<Z_{0.995}$（$Z_{0.995}=2.58$），即认为在 0.01 显著水平下流域年平均降水呈上升趋势，但该趋势并不显著。流域年平均降水统计量 F 满足 $F<F_{0.01}$（$F_{0.01}=7.20$），没有通过置信度为 0.01 的显著性检验，说明流域平均降水与时间的相关性不显著。

表 3.3　　　　　　　　　　　雅砻江流域降水趋势检验结果

项目	统计量 Z	倾 向 率	相关系数 r^2	统计量 F
数值	0.3179	0.1410	0.0010	0.0481

3.2.3.2　降水突变分析

用 M-K 突变检验法对二滩附近的会理站及雅砻江流域 1961—2010 年平均降水时间序列进行突变检验，结果如图 3.8 所示。雅砻江流域和二滩附近的会理站降水突变时间均发生在 1984 年及 2005 年附近，二滩水库建成投运并未对降雨带来显著影响；且雅砻江流域降水在 1961—1997 年是不显著下降趋势，1998—2010 年呈不显著上升趋势。

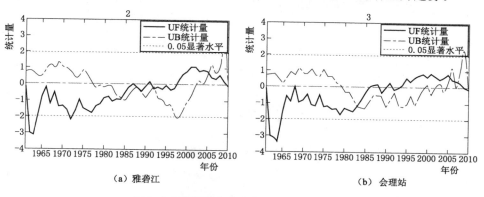

图 3.8　雅砻江流域降水 M-K 突变分析

3.2.3.3　降水空间分布

雅砻江流域多年平均降水量分布如图 3.9 所示。多年平均降水量从西北至东南逐渐增加，这与气温的空间分布规律相似。位于中部偏北端的道孚站多年平均降水最少，为 599.42mm；位于南端的会理站多年平均降水最多，为 1143.61mm，最大降水差值达到 544.19mm。

图 3.10 展示了雅砻江流域降水变化趋势。以雅砻江流域的理塘站为中心，年平均降水变化趋势向外逐渐减少，其中理塘站这一区域降水变化趋势为 2.05～3.13mm/a；雅砻江流域降水呈中游增加趋势快，上游和下游的增加趋势缓。

3.2.4　蒸发时空变化

3.2.4.1　蒸发趋势分析

选取雅砻江流域 2002—2010 年 6 个蒸发站的小型蒸发皿资料，由于部分站点小型蒸发皿资料缺失，根据小型蒸发皿蒸发量与大型蒸发皿蒸发量比值 $K=E_b/E_s=0.58$（E_b 为大型蒸发皿蒸发量；E_s 为小型蒸发皿蒸发量），订正并补充小型蒸发皿蒸发量。运用倾向

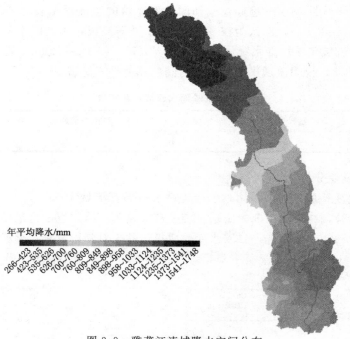

年平均降水/mm

266~423
423~535
535~626
626~700
700~760
760~809
809~849
849~898
898~958
958~1033
1033~1124
1124~1235
1235~1373
1373~1541
1541~1748

图 3.9　雅砻江流域降水空间分布

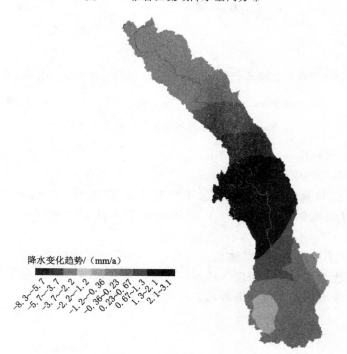

降水变化趋势/（mm/a）

-8.3~-5.7
-5.7~-3.7
-3.7~-2.2
-2.2~-1.2
-1.2~-0.36
-0.36~0.23
0.23~0.67
0.67~1.3
1.3~2.1
2.1~3.1

图 3.10　雅砻江流域降水趋势空间分布

率法分析雅砻江流域 1961—2010 年蒸发皿蒸发量，结果如图 3.11 所示。结果表明，1961—2010 年雅砻江流域年蒸发量呈上升趋势，线性拟合增率为 1.29mm/a。

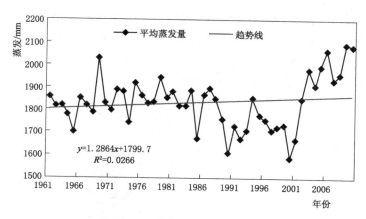

图 3.11　雅砻江流域蒸发趋势

　　雅砻江流域年平均蒸发皿蒸发量趋势检验结果见表 3.4，统计量 $F < F_{0.01}$（$F_{0.01} =$ 7.20），即未通过置信度为 0.01 的显著性检验，说明雅砻江流域年平均蒸发与时间的相关性不显著，雅砻江流域年平均蒸发呈不显著上升趋势。

表 3.4　　　　　　　　　　　　雅砻江流域蒸发趋势检验结果

项　　目	倾　向　率	相关系数 r^2	统计量 F
数值	1.2864	0.0266	1.3117

　　雅砻江流域蒸发站点数据较少，且有许多小型蒸发站的数据是根据大型蒸发数据订正而成，加之部分缺测数据由插值得来，这些因素对 M—K 突变检验的结果影响较大，因此本节不对蒸发进行突变分析。

3.2.4.2　蒸发空间分布

　　采用克里金插值法得到雅砻江流域多年平均蒸发空间分布如图 3.12 所示，可以看出多年平均蒸发以雅砻江流域的西南端为中心向上游逐渐减少。位于西南端的丽江站多年平均蒸发最大，为 2249.47mm，位于中部的理塘站多年平均蒸发最小，为 1506.97mm，差值为 742.5mm。

　　图 3.13 为雅砻江流域蒸发趋势空间分布情况。图中整个雅砻江流域以九龙站为中心蒸发呈减少趋势，向外逐渐增加变为增加趋势。其中九龙站这一区域蒸发变化趋势为 −3.56～1.51mm/a，至上游源头区和下游攀枝花区域蒸发变化趋势为 5.60～7.55mm/a。

3.2.5　径流变化

　　本节运用趋势分析及突变分析对二滩水文站 1958—2017 年（共 60 年）月尺度实测径流进行定量分析，揭示雅砻江流域近 60 年的径流变化规律。

3.2.5.1　径流趋势分析

　　二滩站多年平均流量为 1613m³/s。通过趋势分析，雅砻江流域年径流、汛期径流（6—9 月）都呈现减少趋势，非汛期径流（10 月至次年 5 月）呈增加趋势（图 3.14）。其中，年径流统计量 $Z = -0.4146$，汛期径流统计量 $Z = -1.0141$，即认为在 0.05 显著水平下二滩年径流和汛期径流呈不显著下降趋势；非汛期径流统计量 $Z = 1.0268$，即在

0.05 显著水平下二滩非汛期径流呈不显著增加趋势，且 2010 年后增加趋势更明显。进一步将二滩站实测径流逐月进行趋势分析，见表 3.5。1—5 月径流量呈上升趋势，6—12 月径

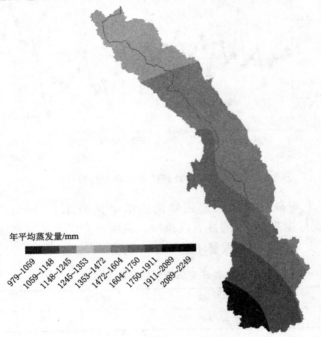

图 3.12　雅砻江流域多年平均蒸发空间分布

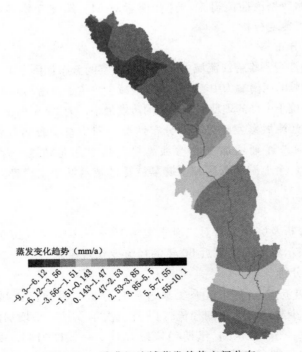

图 3.13　雅砻江流域蒸发趋势空间分布

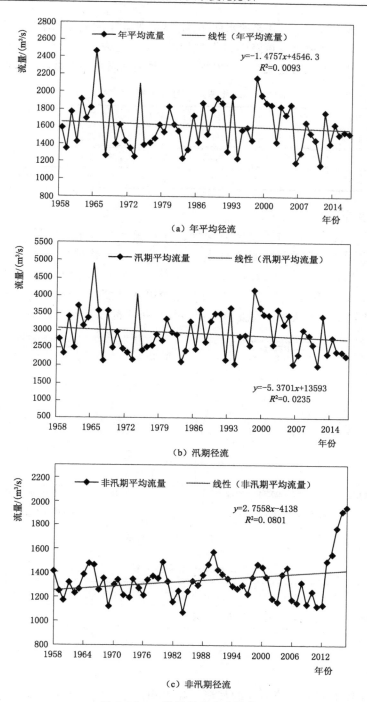

（a）年平均径流

（b）汛期径流

（c）非汛期径流

图 3.14　二滩站径流变化趋势

流量呈下降趋势。除气候因素，径流量的变化可能与雅砻江水库群的建设有关。随着雅砻江水库群建成投运，水库在 6—10 月汛期保证防洪需求以及满足兴利发电需要，逐渐蓄水抬高水库水位，使汛期洪水过程坦化，使水库下游天然径流量减少；在非汛期，水库为满足河道航运、生态供水、发电等需求，逐渐泄水使库容减少，使非汛期河道径流相对天然径流呈现增加现象。从总体上看，雅砻江流域降雨和蒸发不显著上升趋势，而径流量呈不显著减少趋势，部分原因可能是由于水利工程建成后，蒸发损失和下渗有所增加，人类取用水等有所增加。

表 3.5　　　　　　　　　　　　　　　二滩站月径流倾向率

月份	1 月	2 月	3 月	4 月	5 月	6 月	7 月
倾向率	2.40	1.95	3.09	1.07	2.27	−3.92	−1.36
月份	8 月	9 月	10 月	11 月	12 月	汛期	非汛期
倾向率	−12.04	−4.96	−4.57	−0.74	−0.40	−5.37	2.76

3.2.5.2　径流突变分析

由于 M-K 突变检验法对径流做突变分析存在突变点较多的问题，因此本节采用滑动 T 突变检验法，并给定严格的显著性水平进行检验。通过对二滩站年径流序列进行突变检验，得到径流序列突变点结果如图 3.15 和表 3.6 所示。其中，$n=5$ 和 $n=10$ 的滑动 T 检验均识别出 2005 年为突变点，与雅砻江流域降水突变时间吻合，且该年份前后无特殊人类活动事件发生，可认为该突变点主要由气候条件的改变所引起。

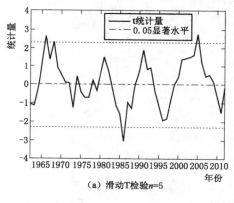
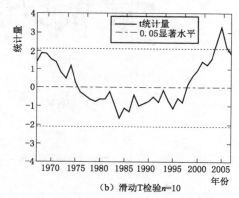

图 3.15　径流序列突变检验结果

表 3.6　　　　　　　　　　　　　　　二滩站径流突变分析

滑动 T 检验	$n=5$	$n=10$
突变点	1966 年、1986 年、2005 年	2005 年

3.2.6　小结

本节根据雅砻江 1961—2010 年的气温、降水和蒸发皿蒸发资料，运用倾向率法和 M-K 检验法对水文长序列资料开展了趋势和突变分析，并考察了其空间分布情况。此外，根据雅砻江流域二滩站 1958—2017 年的径流量资料，分析了在气候和人类活动影响下，二滩站径流的变化趋势和突变规律，揭示了雅砻江流域水文要素的时空演变规律。主要结论如下：

(1) 雅砻江流域年平均气温呈显著上升趋势，1961—2010 年增温速率为 0.02℃/a。

雅砻江流域气温突变时间在 2001 年，会理站突变时间在 2010 年，二滩水库的建成减缓了气温变暖趋势。空间分布上，气温从西北至东南逐渐增加，最大温差 21.25℃，流域增温速率从上游至下游呈减缓趋势。

（2）流域年平均降水呈不显著上升趋势，1961—2010 年降水增率为 0.14mm/a。雅砻江流域和会理站降水突变时间在 1984 年及 2005 年，二滩水库建成投运并未对小范围降雨带来影响。空间分布上，降水从西北至东南逐渐增加，最大降水差值 544.19mm，流域降水增加的趋势从中游向上游和下游逐渐减缓。

（3）流域年平均蒸发呈上升趋势，1961—2010 年蒸发增率为 1.29mm/a。空间分布上，蒸发从雅砻江流域西南端向上游逐渐减少，最大蒸发差值为 742.5mm，流域年蒸发以九龙站为中心蒸发呈减少趋势，向外逐渐增大变为增加趋势。

（4）雅砻江水库群防洪和兴利调度，可能是流域汛期径流减少而非汛期径流增加的原因之一。在 0.05 显著水平下，年径流呈不显著减少趋势，部分原因可能是由于水利工程建成后，蒸发损失和下渗有所增加，人类取用水等有所增加。2005 年为雅砻江流域径流序列突变点，与降水突变时间吻合，该突变主要由气候条件改变引起。

3.3 水库群运行对径流的影响

3.3.1 SWAT 模型构建

二滩水库 2000 年建成投运，而其他水库晚于 2012 年运行，因此可认为 2008—2012 年二滩水库以上流域为天然流域。因此，本节采用 SWAT 模型模拟 2008—2016 年二滩水库以上流域的水文过程，运行 SWAT 模型需要建立相应的数据库，包括高程数据库、土壤数据库和气象数据库等。

3.3.1.1 SWAT 模型参数库

1. 高程数据库

高程数据库（Digital Elevation Model, DEM）能反映地面高程的空间分布情况，是提取流域地形、确定流域边界、划分子流域和生成河网的基础数据。SWAT 模型应用 DS 算法将 DEM 中的水系进行填洼、流向计算，生成流域的水系及分水线信息，这些信息可以作为坡度、坡向提取，地形参数计算和河网水系生成等的重要基础数据。本书使用的 DEM 数据是由美国太空总署和国防部国家测绘局联合测量得到的 SRTM DEM，其分辨率为 90m×90m。雅砻江流域总体高程为 990～5820m，南部为流域出口，如图 3.16 所示。

高：5820
低：990

图 3.16　雅砻江流域 DEM

2. 土壤数据

土壤属性是模拟流域水文循环重要的下垫面条件之一。模型需要输入的土壤属性数据包括土层厚度、土壤分层数、土壤有效含水量和土壤容重等，见表 3.7。本书使用的土壤资料来自世界土壤数据库（HWSD）的中国土壤数据集（China Soil Map Based Harmonized World Soil Database），根据土壤图中土壤代码和土壤名称依据 SWAT 模型要求建立相应的土壤数据库。

表 3.7　　土 壤 属 性 参 数

参　数	参　数　说　明	单位	参　数	参　数　说　明	单位
SNAM	土壤名称		SOL_AWC	土壤层有效持水量	mm
NLAYERS	土壤分层数		SOL_BD	土壤湿密度	mg/m³
HYDGRP	土壤水文分组（A、B、C 或 D）		SOL_K	饱和导水率	mm/h
SOL_CBN	有机碳含量		CLAY	黏土含量，粒径范围为（<0.002mm）	%
SOL_ALB	地表反射率		SILTT	粉土含量，粒径范围为（0.002~0.05mm）	%
SOL_Z	各土壤层底层到土壤表层的深度	mm	SAND	沙粒含量，粒径范围为（0.05~2.0mm）	%
SOL_ZMX	土壤剖面最大根系深度	mm	ROCK	砾石含量，粒径范围为（>2.0mm）	%

3. 土地利用数据库

在获取雅砻江流域 2008 年土地利用数据集的基础上，根据美国地质调查的土地利用/作物分类系统，将流域土地利用数据重新划分为林地、耕地、草地、城镇工矿用地、水域、冰川和其他七类，并按照 SWAT 模型要求的土地利用数据重新编码，见表 3.8。

表 3.8　　土 地 利 用 类 型

土 地 名 称	SWAT 分类	SWAT 代码
水田	耕地	AGRL
旱地		
有林地	林地	FRST
疏林地		
其他林地		
灌木		
高覆盖度草地	草地	PAST
中覆盖度草地		
地覆盖度草地		

续表

土 地 名 称	SWAT 分类	SWAT 代码
河流	水域及水利设施用地	WATR
水库、坑塘		
建设用地	城镇村及工矿用地	URHD
冰川	冰川	SNGA
裸土地	其他	BARN
裸岩、石砾地		

2008 年雅砻江流域主要土地利用类型为草地和林地，数据见表 3.9。

表 3.9　　　　　　　雅砻江流域 2008 年各土地利用类型占比　　　　　　　%

土地类型	耕地	林地	草地	水域	城镇用地	冰川	其他
占比	5.55	35.63	51.40	0.39	0.15	0.13	6.76

4. 气象数据库

气象因子是水文过程的驱动因素，因此气象资料是流域水文模拟最重要的数据来源。研究表明，大气同化数据集可提供更高精度的数据源，从而提高模型输出结果的精确性[88-89]。本书采用较符合我国真实气象场的大气同化数据集 CMADS（The China Meteorological Assimilation Driving Datasets for the SWAT model）建立气象数据库。CMADS 在青海高原、汉江流域和黄土高原均取得了较高的精度[90-92]。CMADS V1.0 系列数据集空间覆盖整个东亚，空间分辨率分别为 0.33°，时间尺度为 2008—2016 年，时间分辨率为逐日。雅砻江流域内气象站，如图 3.17 所示。可提供包括日最高/最低气温、日均风速、日均相对湿度、日降水量和日太阳辐射等气象要素。

3.3.1.2 子流域划分结果

SWAT 可以通过设定土地利用类型和土壤类型面积阈值，将每个子流域划分为多个水文响应单元。通过比较各子流域中各土地利用类型和土壤类型的比例情况，将土地利用类型面积阈值设为 5%，土壤类型面积阈值设为 5%，最终产生 34 个子流域（图 3.17）。

3.3.2 模型率定和验证

SWAT-CUP 2012 具有操作界面简洁、率定校验方法多样、处理速度快等特点，已

图 3.17 雅砻江流域划分

在国内外诸多研究中等得到了广泛应用[93-96]。SWAT - CUP 2012 提供了 SUFI2、GLUE、PSO 和 MCMC 四种参数率定方法，本节选择 SUFI2 方法进行雅砻江流域参数率定。

3.3.2.1　评价指标

选取适当的评价指标对参数的选择和取值进行合理性评估，从而判断模型构建的适用性。径流模拟效果的评估系数包括决定系数（R^2）和 Nash - Sutcliffe 效率（NSE），本节综合两者作为 SWAT 模型的评价标准。决定系数 R^2 用于实测值和模拟值之间数据吻合程度的评价，通过线性回归方法求得：

$$R^2 = \frac{\left[\sum_i (Q_{obs} - \overline{Q_{obs}})(Q_{sim} - \overline{Q_{sim}})\right]^2}{\sum_i (Q_{obs} - \overline{Q_{obs}})^2 \sum_i (Q_{sim} - \overline{Q_{sim}})^2} \tag{3.1}$$

式中：Q_{obs}、Q_{sim} 分别为观测和模拟径流；$\overline{Q_{obs}}$ 为评估时段内实测流量的平均值；$\overline{Q_{sim}}$ 为评估时段内模拟流量的平均值。

R^2 表示可由模型解释的方差占总方差的比例。R^2 的范围为 0～1，R^2 越小，吻合程度越低，值越高表示性能越好。

纳什效率系数 NSE 是一个综合指标，可以定量表征模型对径流拟合的好坏，是描述计算值对目标值的拟合精度的无量纲统计参数，一般取值范围为 0～1，计算公式如下：

$$NSE = 1 - \frac{\sum_{i=1}^n (Q_m - Q_p)^2}{\sum_{i=1}^n (Q_m - Q_{avg})^2} \tag{3.2}$$

式中：Q_m 为观测值；Q_p 为模拟值；Q_{avg} 为观测平均值；n 为观测次数。

若 NSE 值越接近 1，说明模型的模拟效果越好；若 NSE 为负值，说明模型模拟值不具代表性。

通常认为 NSE > 0.5 且 R^2 > 0.6 时，结果令人满意。根据 Moriasi 等[97]的评估标准，该模型的 NSE 在 0.5 和 0.65 之间表示模型的模拟效果可接受，在 0.65 和 0.75 之间表示模型的模拟效果较好，在 0.75 和 1.0 之间表示模型的模拟效果优异。

3.3.2.2　率定及验证结果

根据 SWAT 模型敏感性分析结果和雅砻江流域特征，选择了 17 个较敏感的参数（表3.10）。由于 2012 年之前二滩水文站以上可视为天然流域，因此将二滩水文站作为流域出口，并设定模型率定期为 2010—2011 年，模型检验期为 2009 年。表 3.10 为了二滩水文站参数敏感性排序和最佳取值。

表 3.10　　　　　　　　　　　　二滩站 SWAT 模型的参数值

参　数	参数说明	单位	最优值	敏感性排序
CN2	SCS 径流曲线系数		0.06	1
ALPHA_BNK	地下存储系数		0.84	2
CH_N2	主河道曼宁系数		0.14	8
CH_K2	主河道水力传导度		304.5	12
ALPHA_BF	基流阿尔法系数	d	0.34	14
GW_DELAY	地下水滞后系数	d	270.5	6

续表

参 数	参数说明	单位	最优值	敏感性排序
GWQMN	浅水层补给深度阈值	mm	50.81	7
REVAPMN	浅水层蒸发深度阈值	mm	262.98	5
ESCO	土壤蒸发补偿系数		0.94	9
EPCO	植物吸收补偿系数		0.12	3
SLSUBBSN	平均坡长		−0.25	4
SOL_AWC	土壤有效含水量	mm	3.23	13
SOL_K	土壤饱和导水率	mm/h	0.10	15
SOL_BD	土壤湿密度	mg/m³	0.21	11
TLAPS	温度递减率		−4.42	10
SFTMP	降雪温度	℃	1.734	17
SMFMN	最小融雪系数		10	16

SWAT 模型在雅砻江流域径流模拟结果见表 3.11，模型率定期和检验期所有水文站的 R^2 均大于 0.78，NSE 值均大于 0.73，个别水文站甚至达到 0.9 以上，表明该模型符合模拟精度要求，适用于雅砻江流域。模型率定期和检验期二滩站的径流过程如图 3.18 所示，模拟值与观测值吻合程度较高，模拟效果较好。

表 3.11　　　　　　　　　　　　雅砻江流域模拟日平均流量的 NSE 值

时 期	指标	水 文 站						
		雅江	麦地龙	列瓦	锦屏	沪宁	打罗	二滩
率定期	R^2	0.84	0.84	0.78	0.85	0.85	0.85	0.87
（2010—2011 年）	NSE	0.73	0.76	0.76	0.75	0.78	0.77	0.80
检验期	R^2	0.85	0.86	0.80	0.90	0.91	0.92	0.93
（2009 年）	NSE	0.77	0.82	0.79	0.86	0.89	0.85	0.89

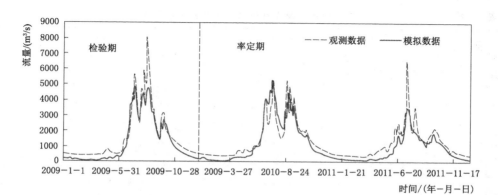

图 3.18　二滩站检验期和率定期的日径流过程（2009—2011 年）

3.3.3　水库群运行对径流的影响

本节对雅砻江流域已建成水库对流域出口（二滩站）径流过程的影响进行定量分析。2015 年以后，二滩站以上建成的水库，即锦屏一级、锦屏二级和官地，均建成投运。因此，控制气象条件和下垫面条件不变，分别构建无水库的天然情景和在模型中考虑锦屏一级、锦屏二级和官地水库的有水库情景，采用 SWAT 模型模拟两种情景下 2015—2016 年二滩站径流。图 3.19 为二滩站 2015—2016 年月平均流量过程，表明三大水库运行后，月平均流量过程出现坦化，峰量减小且向后推迟，非汛期月平均流量明显上升。

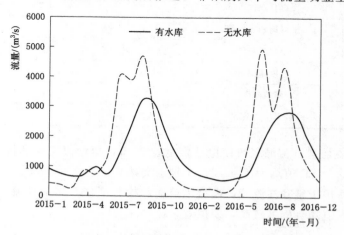

图 3.19　二滩站有水库及无水库情景下月平均流量

三大水库运行及无水库天然情景下二滩站月平均流量及改变程度结果见表 3.12，其中改变程度为流域内有水库与无水库月平均流量之差与无水库时月平均流量的比值。结果表明，在气象和下垫面不变的条件下，运用 SWAT 模型分别模拟三大水库建成运行后及无水库的天然情景下月平均径流，汛期（6—9 月）月平均流量减少 11%～66%，非汛期（10 月至次年 5 月）月平均流量增加 20%～243%。2015—2016 年，汛期水量平均减少 44.4%，非汛期河道水量平均增加 70%。

表 3.12　　　　　　　　　　　二滩站有水库及无水库情景下的月平均流量

2015 年月份	有水库 /(m³/s)	无水库 /(m³/s)	改变程度 /%	2016 年月份	有水库 /(m³/s)	无水库 /(m³/s)	改变程度 /%
1	887.0	425.0	108.7	1	881.7	282.4	212.3
2	732.9	373.2	96.4	2	680.1	250.6	171.4
3	640.9	261.9	144.7	3	594.9	230.7	157.9
4	701.6	872.4	−19.6	4	535.8	156.0	243.4
5	976.1	716.5	36.2	5	631.1	481.5	31.1
6	739.2	1397.1	−47.1	6	827.9	1926.6	−57.0
7	1365.7	4046.3	−66.2	7	1675.2	4976.8	−66.3
8	2440.5	3894.7	−37.3	8	2518.9	2855.7	−11.8

2015年月份	有水库/(m³/s)	无水库/(m³/s)	改变程度/%	2016年月份	有水库/(m³/s)	无水库/(m³/s)	改变程度/%
9	3260.2	4645.4	−29.8	9	2807.1	4364.3	−35.7
10	3039.7	2520.5	20.6	10	2725.0	1991.0	36.9
11	2045.4	995.8	105.4	11	1923.1	1033.6	86.1
12	1291.6	493.2	161.9	12	1185.3	520.6	127.7

为了进一步分析水库建成投运后对汛期径流过程的改变，采用最大3日径流量、年最大1日流量及其出现时间等三要素评估水库对径流的影响，具体结果见表3.13。水库运行使2015和2016年最大3日径流量分别削减35.9%和46.2%，年最大1日流量分别削减26.5%和43.2%，年最大1日流量分别推迟6天和62天。

此外，水库建成投运也可以对枯季径流造成一定程度的影响。由于水库对枯季径流的调节与流域面积、年降雨量和降雨分布都有关系，难以单独用枯季径流来衡量。为了更好地对水库调蓄能力进行评价，采用涵养指数评估水库群调度对枯季径流的影响。涵养指数是无量纲参数，它消去了流域面积和年降雨量大小的影响，能够体现河流的平稳程度，也能反映出该流域水源供给的保证率。涵养指数采用如下公式计算：

$$涵养指数 = \frac{Q_枯}{Q_年} \tag{3.3}$$

式中：$Q_枯$为最枯月平均流量；$Q_年$为年平均流量。涵养指数越大，说明该地区的水库调节能力越强。

表3.13   **二滩站有水库及无水库情景下汛期的径流特征**

要素	2015年			2016年		
	有水库	无水库	削减率	有水库	无水库	削减率
最大3日径流量/亿m³	14.0	21.8	35.9%	11.1	20.7	46.2%
年最大1日流量/m³	4559	6200	26.5%	3236	5701	43.2%
最大1日流量出现时间	2015−9−11	2015−9−5		2016−9−6	2016−7−6	

因此，采用最小30日平均流量、涵养指数以及最枯月份等三个指标反映非汛期径流特征，其计算结果见表3.14。水库运行使2015年和2016年最小30日平均流量分别提高136.8%和241.4%，涵养指数分别提高179.2%和285.8%，而最枯月份出现的时间没有发生变化。

表3.14   **二滩站有水库及无水库情景下非汛期的径流特征**

要素	2015年			2016年		
	有水库	无水库	变化率	有水库	无水库	变化率
最小30日平均流量/(m³/s)	609.5	257.4	136.8%	531.3	155.6	241.4%
涵养指数	0.42	0.15	179.2%	0.38	0.10	285.8%
最枯月份	3	3		4	4	

3.3.4 小结

本节运用 2008—2011 年二滩站的实测径流资料率定得到了适用于雅砻江流域的 SWAT 模型；在控制气候和下垫面条件下，分析了锦屏一级、锦屏二级和官地水库建成投运后对流域径流过程的影响。主要结论如下：

（1）三大水库建成投运后，2015—2016 年雅砻江流域的汛期水量与天然情景相比减少了 44.4%，非汛期河道水量增加了 70%。

（2）水库运行使 2015 年和 2016 年最大 3 日径流量分别减少 35.9% 和 46.2%，年最大 1 日流量分别减少 26.5% 和 43.2%，年最大 1 日流量分别推迟 6 天和 62 天，最小 30 日平均流量分别增加 136.8% 和 241.4%，涵养指数分别提高 179.2% 和 285.8%，而最枯月份没有发生变化。

3.4 多因子影响下水库群调度对径流的影响

本节以 2008—2016 年作为研究期，选取雅砻江流域出口二滩水文站作为研究对象，基于 SWAT 模型中目标库容法的调度规则，通过数值模拟实验的方法，系统地开展了雅砻江流域水库群调度对流域径流的影响研究，分析了多种水库群组合情景下二滩站径流过程的变化规律，试图得到具有一定普适性的结论，为提高水库群建成运行影响下的水文预测预报精度提供支撑。

3.4.1 情景设置

不同的水库库容和运行方式可能对下游水文情势造成不同的影响。本节利用控制变量法设置了 6 种水库建设运行情景，并在这 6 种情景下利用构建的 SWAT 模型分别模拟 2009—2016 年二滩站径流过程。情景包括：保持水库位置不变，设置年调节、季调节和日调节水库三种情景（情景 2、情景 3 和情景 4）；年调节和日调节水库联合调度，改变两水库的相对位置（情景 5 和情景 6）。具体情景方案见表 3.15，各情景水库分布情况如图 3.20 所示。对比 6 种情景下二滩站的径流过程，进而定量分析不同水库库容以及双水库联合调度方式下水库群对径流过程的影响规律。

表 3.15 情 景 模 式

情 景	目 的	描 述	运 行 位 置	图
情景 1	对照	天然情景		
情景 2		年调节水库	19 号子流域	图 3.22 (a)
情景 3	水库库容的影响	季调节水库	19 号子流域	图 3.22 (a)
情景 4		日调节水库	19 号子流域	图 3.22 (a)
情景 5	水库联合调度的影响	年调节水库＋日调节水库	19 号和 24 号子流域	图 3.22 (b)
情景 6		日调节水库＋年调节水库	19 号和 24 号子流域	图 3.22 (b)

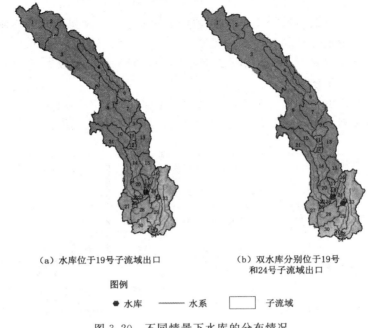

（a）水库位于19号子流域出口　　　　（b）双水库分别位于19号
　　　　　　　　　　　　　　　　　　　和24号子流域出口

图例

● 水库　　　——— 水系　　　▢ 子流域

图 3.20　不同情景下水库的分布情况

表 3.16 为年调节水库（锦屏一级）、季调节水库和日调节（官地）水库具体参数。其中季调节水库参数根据调节系数（β）为兴利库容与多年平均来水量的比值设置，锦屏 $\beta=0.13$，官地 $\beta=0.0027$，季调节水库一般为 $0.02\sim0.08$，这里取 $\beta=0.05$。由年平均径流量可推知兴利库容，进而求得其他参数。

表 3.16　　　　　　　　　　　　　水 库 参 数

类　别	防 洪 高 水 位			防 洪 限 制 水 位		
	水位/m	库容/亿 m³	面积/ha	水位/m	库容/亿 m³	面积/ha
年调节水库	1330	72.92	1469	1328	70.07	1436
季调节水库	1838.1	47.93	6011.7	1827.1	41.60	5456.9
日调节水库	1880	77.65	8255	1859.06	61.62	7064.9

3.4.2　多因子影响下水库群调度对径流的影响

3.4.2.1　月径流

图 3.21 展示了库容大小对二滩站月平均流量的影响。通过水库调节可以改变天然径流在时间上的分布，使非汛期径流增加，汛期径流减少，月平均流量过程较天然情况趋于均匀化。水库调度对非汛期（10月至次年5月）月径流的影响更显著。年调节水库使非汛期月平均流量增加 30%～220%，1—3月的增幅最明显；季调节水库使非汛期月平均流量增加 20%～80%，10—12月增幅最明显；日调节水库仅使非汛期月平均流量增加 1%～10%。

在汛期（6—9 月），年调节水库对汛期径流有较强的削减作用，在汛初尤为明显。年调节水库使汛期月平均流量减少 10%～50%，季调节水库可使汛期月平均流量减少 0%～30%，日调节水库只能使汛期月平均流量减少 0%～10%。情景 3 和情景 4 8—9 月平均流量略有增加，可能是日调节和季调节水库库容有限，当汛期径流较大时，为了确保大坝安全，小型水库将增大下泄流量。

由此可见，水库的调节能力随库容的增大而增强，水库库容越大，水库调丰补枯能力越好；年调节水库对月平均流量的改变程度最大，其径流过程更坦化。

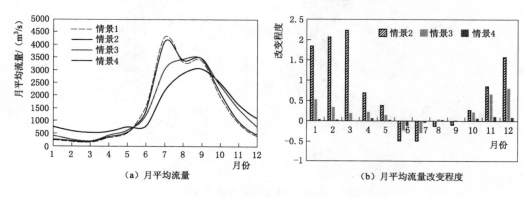

图 3.21　不同库容情景对流域出口月平均流量的影响

图 3.22 展示了双水库联合调度时大小水库的相对位置对二滩站月平均流量的影响。两种情景下水库群均会调节径流的年内分配，使径流过程坦化，总体上两种情景下水库群对径流的影响程度相近。

情景 5 和情景 6 下，水库群调度分别使非汛期月平均流量增加 30%～230% 和 40%～230%，分别使汛期月平均流量减少 10%～50% 和 10%～70%。对于雅砻江流域，当大水库在下游时，对汛初（6—7 月）径流的削减作用更大，但对汛末影响较小；当大水库位于上游时，水库的调节能力更好。

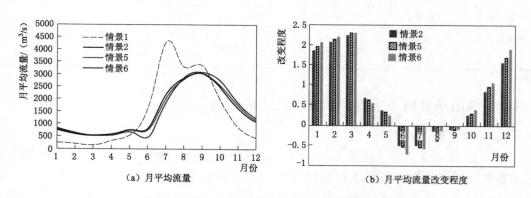

图 3.22　双水库联合调度对流域出口月平均流量的影响

3.4.2.2　汛期径流

本节采用年最大 1 日流量、最大 3 日径流量及最大 1 日流量出现时间三要素分析水库群调度对汛期径流过程的影响。

（1）年最大1日流量。水库群调度对年最大1日流量的影响见表3.17，其中削减率指相对于情景1（无水库天然情景），各情景下径流的改变程度。由表可知，情景2、情景3和情景4下，水库调度使年最大1日流量分别减少了31.7%、23.7%和6.2%。防洪库容对年最大1日流量的影响如图3.23所示，表明随着库容增大，水库对年最大1日流量的削减效果越好；库容与年最大1日流量的关系：防洪库容平均每增加1亿 m^3，年最大1日流量减少45.5～159.6m^3/s。

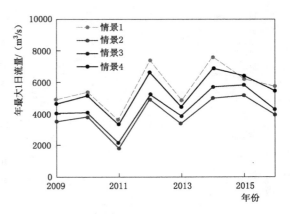

图 3.23 不同库容情景下年最大1日流量

表 3.17 水库群影响下二滩站年最大1日流量削减率

情 景	削减率/%								
	2009 年	2010 年	2011 年	2012 年	2013 年	2014 年	2015 年	2016 年	均值
情景 2	28.9	29.1	48.9	33.8	30.4	34.3	16.8	31.1	31.7
情景 3	18.5	24	39.1	30	21	25	6.6	25	23.7
情景 4	6.2	4.0	8.1	10.3	8.8	9.7	−3.0	5.2	6.2
情景 5	35.2	33.3	52.3	42.1	37.6	37	16.8	36.5	36.4
情景 6	32.1	34	55	42.4	41.6	39.7	16.5	35.3	37.1

情景5和情景6下，水库群调度分别使年最大1日流量减少36.4%和37.1%，两者仅相差0.7%。图3.24（a）中情景5与情景6年最大1日流量曲线近乎重合。因此，双水库联合调度时大水库和小水库相对位置对年最大1日流量的调节作用差异较小，且双水库组合情景均优于单水库情景。

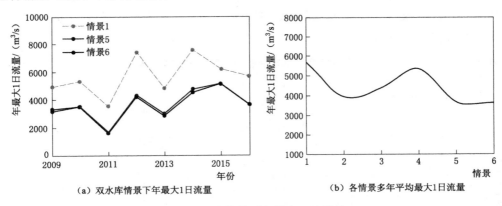

（a）双水库情景下年最大1日流量　（b）各情景多年平均最大1日流量

图 3.24 多情景下年最大1日流量

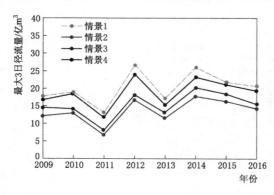

图 3.25　不同库容情景下最大 3 日径流量

（2）最大 3 日径流量。水库群调度对最大 3 日径流量的影响见表 3.18，在考虑水库的 5 种情景中，水库调度使最大 3 日径流量呈不同幅度减少。情景 2、情景 3 和情景 4 下，水库调度使最大 3 日径流量分别减少了 33.8%、25.0% 和 7.6%，表明随着库容增大，水库对最大 3 日洪量的削减作用逐渐增大，但增加趋势变缓；库容与最大 3 日径流量的关系为，防洪库容平均每增加 1 亿 m³，最大 3 日径流量减少 0.18 亿～0.57 亿 m³（图 3.25）。

情景 5 和情景 6 多年平均最大 3 日径流量分别为 12.7 亿 m³ 和 12.6 亿 m³，两种情景下水库群对最大 3 日径流量的削减率差异较小（小于 4%），且均高于单库情景（2015 年除外）；图 3.26（a）中情景 5 与情景 6 的最大 3 日洪量曲线接近重合。因此，可得出与上述相似结论，即双水库联合调度大小水库相对位置对最大 3 日径流量的影响较小。

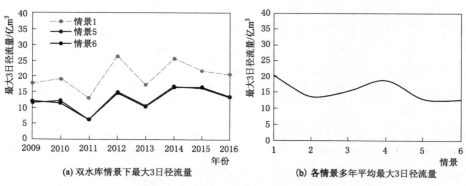

(a) 双水库情景下最大 3 日径流量　　(b) 各情景多年平均最大 3 日径流量

图 3.26　各情景下最大 3 日径流量

根据表 3.18，2012—2014 年汛期水量丰沛，水库群调度使最大 3 日径流量减少显著，表明汛期水量丰沛情况下，水库对汛期径流调节作用更强。可能受 2014 年水量丰沛的影响，2015 年水库对最大 3 日径流量的削减率较低，表明上一年水量丰沛可能会影响到下一年，导致水库调洪能力降低。

表 3.18　　　　　　　　　各水库情景下二滩站最大 3 日径流量削减率

情　景	削减率/%								
	2009 年	2010 年	2011 年	2012 年	2013 年	2014 年	2015 年	2016 年	均值
情景 2	31.5	31.9	49.2	36.9	33.3	31.7	24.8	31.4	33.8
情景 3	18.5	25.1	38.5	32.5	23.4	22.1	14.7	25.1	25.0
情景 4	5.1	3.7	10	10.1	10.5	11.1	3.7	6.8	7.6
情景 5	34.8	36.6	53.1	43.3	39.2	35.5	25.2	36.2	38.0
情景 6	31.5	40.3	54.6	44.9	40.9	37	24.4	35.3	38.6

（3）年最大 1 日流量出现时间。水库群调度对年最大 1 日流量出现时间的影响见表 3.19。在天然情景下，年最大 1 日流量主要出现在 7 月和 8 月。情景 2 下，年调节水库调度使年最大 1 日流量出现在 9 月（2013 年和 2015 年除外），平均约晚了 39 天；季调节水库调度使年最大 1 日流量出现时间平均约晚 26 天；日调节水库对年最大 1 日流量出现时间的影响较弱。表明库容较大时，水库推迟年最大 1 日流量效果更好；防洪库容平均每增加 1 亿 m³，年最大 1 日流量推迟 1.3～5 天。

情景 5 和情景 6 下，水库群调度使年最大 1 日流量出现时间约晚 38 天，表明水库联合调度时大小水库相对位置对最大 1 日流量出现时间的影响较小。

表 3.19　　　　　　　各水库情景下二滩站年最大 1 日流量的出现时间

情　　景	出现时间	2009 年	2010 年	2011 年	2012 年	2013 年	2014 年	2015 年	2016 年	均值
情景 1	日期	8 月 17 日	7 月 17 日	7 月 18 日	7 月 16 日	9 月 11 日	7 月 6 日	9 月 5 日	7 月 6 日	—
情景 2	偏差/d	34	45	70	47	0	34	6	76	39
情景 3	偏差/d	−17	45	18	47	0	34	6	76	26
情景 4	偏差/d	0	0	5	5	−55	0	6	8	−4
情景 5	偏差/d	5	45	72	47	0	58	6	74	38
情景 6	偏差/d	12	45	36	57	0	58	6	87	38

注　负号为提前的天数。

3.4.2.3　非汛期径流

本节采用最小 30 日平均流量、涵养指数以及最枯月份出现时间 3 个指标分析水库群调度对非汛期径流的影响。

（1）最小 30 日平均流量。水库群调度对最小 30 日平均流量的影响见表 3.20。情景 2、情景 3 和情景 4 下，水库调度使最小 30 日平均流量分别增大 2.47 倍、0.23 倍和 0.02 倍，呈递减趋势。从图 3.27 中可以看出，随着防洪库容增大，水库对非汛期径流的补给效果越好；防洪库容与最小 30 日平均流量呈一定统计关系：防洪库容平均每增加 1 亿 m³，最小 30 日平均流量增加 5.1～34.2m³/s。

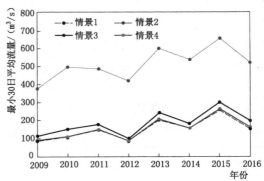

图 3.27　不同库容情景下最小 30 日平均流量

根据图 3.28（a）和表 3.20，在情景 5 和情景 6 下，多年平均最小 30 日流量分别为 523.6m³/s 和 364.6m³/s，相比于天然情景分别提高了 2.54 倍和 1.46 倍。表明双水库联合调度时，大水库位于上游起龙头水库的作用，其对非汛期径流的补给效果更好。

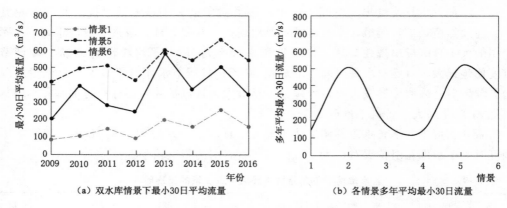

（a）双水库情景下最小 30 日平均流量　　　（b）各情景多年平均最小 30 日流量

图 3.28　各情景下最小 30 日平均流量

表 3.20　　　　　　　　　各水库情景下二滩站最小 30 日平均流量　　　　　　　单位：m³/s

情景	2009 年	2010 年	2011 年	2012 年	2013 年	2014 年	2015 年	2016 年	改变程度
情景 1	83.0	105.3	145.5	85.5	200.3	152.0	257.4	155.6	—
情景 2	377.8	497.6	490.5	423.0	603.0	535.6	659.8	523.0	2.47
情景 3	111.8	149.0	173.5	99.5	240.8	181.6	301.3	196.5	0.23
情景 4	86.2	109.2	148.6	85.1	201.9	151.5	264.0	160.1	0.02
情景 5	416.0	494.1	510.6	423.3	603.8	537.8	664.0	538.8	2.54
情景 6	200.7	397.3	278.4	245.0	581.2	371.1	504.4	338.6	1.46

（2）涵养指数。不同水库组合方案对流域非汛期径流均有较大影响，相比于天然径流有明显增加的趋势［图 3.29（a）、（b）］。根据表 3.21，情景 2、情景 3 和情景 4 下水库调度使涵养指数分别增大 230.0%、17.8% 和减小 2.2%；表明随着库容减小，涵养指数逐渐减小，水库对非汛期径流的调节能力也逐渐减小。情景 5 和情景 6 下水库调度使涵养指数分别增大 231.1% 和 155.6%，情景 5 优于情景 6，同样表明双水库联合调度、当大水库位于上游时、起龙头水库的作用，对非汛期径流的补给效果更好。

图 3.29（c）展示了各情景下二滩水文站的涵养指数，从图中可以看出，在水量偏枯的年份水库对非汛期径流的影响较大，在水量丰沛的年份水库对非汛期的影响较小。

表 3.21　　　　　　　　　　　　各情景下雅砻江涵养指数

情景	2009 年	2010 年	2011 年	2012 年	2013 年	2014 年	2015 年	2016 年	均值	变化程度/%
情景 1	0.07	0.10	0.18	0.06	0.15	0.09	0.15	0.10	0.11	—
情景 2	0.37	0.36	0.60	0.26	0.39	0.29	0.38	0.32	0.37	230.0
情景 3	0.10	0.11	0.21	0.06	0.17	0.10	0.18	0.13	0.13	17.8
情景 4	0.07	0.09	0.18	0.05	0.15	0.09	0.15	0.10	0.11	−2.2
情景 5	0.36	0.36	0.59	0.27	0.39	0.30	0.38	0.33	0.37	230.1
情景 6	0.19	0.34	0.33	0.23	0.38	0.22	0.29	0.32	0.29	155.6

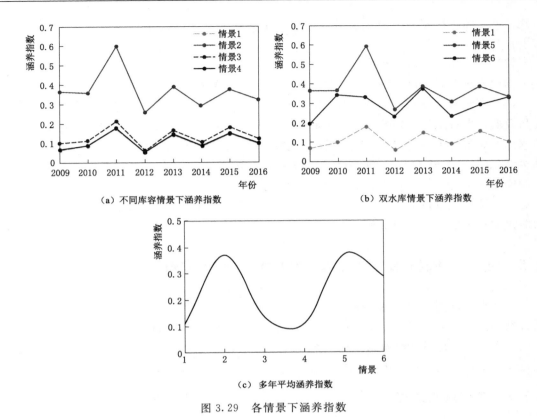

（a）不同库容情景下涵养指数　　　　　　（b）双水库情景下涵养指数

（c）多年平均涵养指数

图 3.29　各情景下涵养指数

（3）最枯月份出现时间。水库群调度对最枯月份出现时间的影响见表 3.22。天然情景下最枯月份主要发生在 2 月和 3 月，情景 2 下年调节水库调度使最枯月份主要发生在 3 月和 4 月，情景 3 和 4 下水库调度使最枯月份主要发生在 3 月。表明随着水库库容的增大，最枯月份发生时间越迟。情景 5 中 3 月和 4 月出现最枯月的频次相同，情景 6 中最枯月有 6 年出现在 6 月。从枯水月发生情况来看，库容对最枯月份发生时间影响不大；双水库联合调度时，情景 6 最枯月份出现时间最晚。

表 3.22　二滩站各情景下最枯月份在各月发生频次分析

情景	1 月	2 月	3 月	4 月	5 月	6 月
情景 1		2	5	1		
情景 2			5	3		
情景 3			7	1		
情景 4			7	1		
情景 5			4	4		
情景 6			1	1		6

3.4.3　小结

本节基于已建好的雅砻江流域 SWAT 模型，通过改变水库库容和双水库联合运行方式等建立了 6 种水库组合情景，定量分析了水库群调度对径流过程的影响规律。主要结论如下：

（1）水库调度对流域径流均有不同程度的调节作用。水库群调度使径流在时间上分布更加均化，汛期拦蓄洪水使下泄流量减少，非汛期增大下泄补给河道径流。

（2）在雅砻江流域，随着库容增加，水库调节能力越强。即库容越大，汛期减少下泄流量及非汛期补给河道径流的效果越好，年最大 1 日流量和最枯月份出现时间越晚。库容与水库的调节能力呈现一定的统计关系：防洪库容平均每增加 1 亿 m^3，最大 3 日径流量减少 0.18 亿～0.57 亿 m^3，年最大 1 日流量减少 45.5～159.6m^3/s，年最大 1 日流量出现时间晚 1.3～5 天，最小 30 日平均流量增加 5.1～34.2m^3/s。

（3）汛期水量较丰沛时，水库对汛期径流的调节作用更大；非汛期水量较少时，水库对非汛期径流的补给作用更强。

3.5 暴雨重构技术下水库群调度对洪水的影响

针对水库群调度对径流的影响研究普遍未考虑降雨特性的问题，本节选取雅砻江流域典型洪水过程和对应场次降雨，通过暴雨重构技术，重构该场次降雨的降雨中心、降雨强度以及降雨量，形成三种暴雨重构方案，并结合上节所述的 6 种水库调度情景，研究多暴雨特性和多水库调度情景下水库对洪水的影响。

3.5.1 典型洪水过程

雅砻江流域洪水大多是由暴雨形成的，流域暴雨一般出现在 6—9 月，且多连续降雨，一次降雨过程持续 3 天左右。为选取典型洪水过程，以最大 3 日洪量作为衡量指标，从 2008—2016 年中选取由暴雨产生的最大 3 日洪量最大的年份作为研究年。2012 年最大 3 日洪量为 26.8 亿 m^3，最大洪峰流量为 7419m^3/s，因此将 2012 年作为研究年，全年流量过程如图 3.30（a）所示。以 2012 年 5 月 15 日至 8 月 23 日作为研究时段，其流量过程如图 3.30（b）所示。

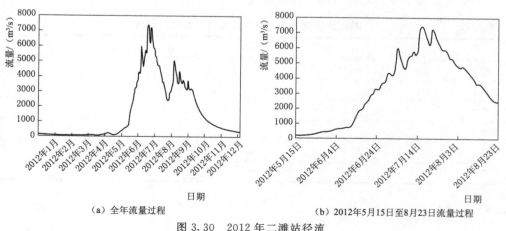

（a）全年流量过程　　　　　　　　（b）2012年5月15日至8月23日流量过程

图 3.30　2012 年二滩站径流

3.5.2 暴雨重构

2012 年 5 月 15 日至 8 月 23 日内的多个洪水过程主要由多场连续降雨形成，其中主雨段为 2012 年 7 月 14 日至 7 月 15 日连续两日暴雨，降雨分布如图 3.31（a）所示，形成 2012 年 7 月 16 日洪峰。为进一步研究雅砻江流域不同降雨特性下水库调度对洪水过程的影响，通过三种方式对 7 月 14—15 日两日天气系统中的降雨过程进行重构，具体暴雨重构方案见表 3.23。

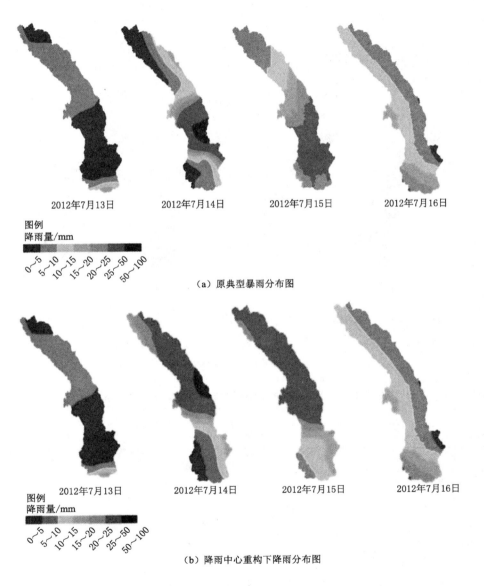

图 3.31（一） 雅砻江流域不同降雨特性下降雨分布情况

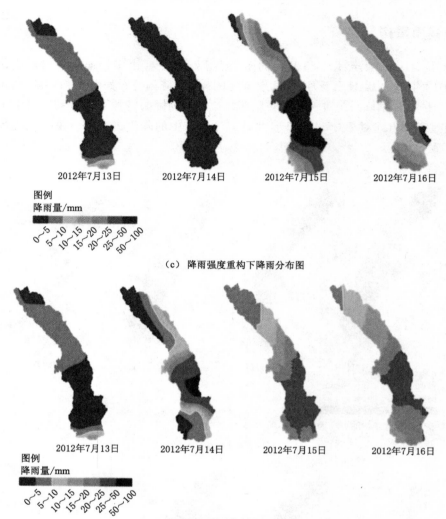

（c）降雨强度重构下降雨分布图

（d）降雨量重构下降雨分布图

图 3.31（二）　雅砻江流域不同降雨特性下降雨分布情况

表 3.23 暴 雨 重 构 方 案

方　案	内　容	图　示
原典型暴雨		图 3.31（a）
降雨中心重构	降雨中心由下游移至上游	图 3.31（b）
降雨强度重构	降雨量不变，增大降雨强度：将 7 月 14—15 日 两日降雨集中至 7 月 15 日	图 3.31（c）
降雨量重构	降雨强度不变，增大降雨量：在 7 月 14—15 日 雨量基础上，增加 30% 放至 7 月 16 日	图 3.31（d）

3.5.3 不同降雨特性下水库群调度对洪水的影响

本节在改变天气系统降雨特性的基础上，定量考察了不同降雨特性下各情景水库群调度对汛期径流（5月15日至8月23日）的影响（图3.32）。通过4种天气条件和5种水库调度情景共20种情况对比分析，发现对于同等量级暴雨引起的洪水，若发生在上游，则水库调洪效果会更好。

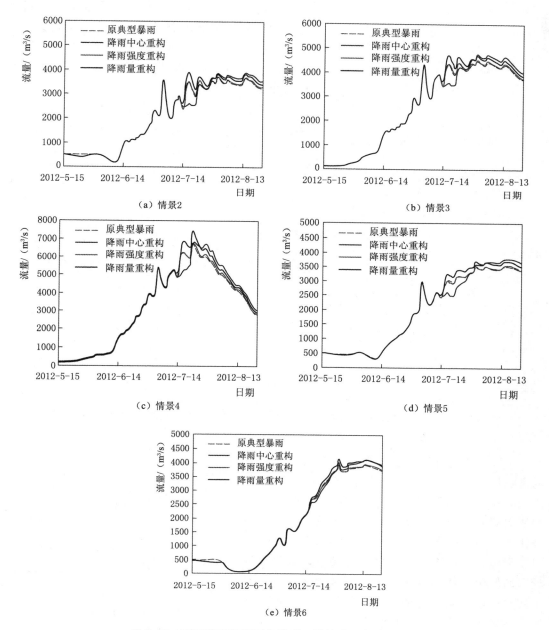

图 3.32　不同降雨特性下各情景二滩站典型径流过程

具体地，采用洪峰流量及峰现时间、最大 3 日洪量 3 个指标研究不同降雨特性下水库群调度对洪水的影响。

1. 洪峰流量

不同降雨特性下，水库调度对洪峰流量的影响见图 3.33 和表 3.24。对于降雨中心在上游、降雨强度较大和降雨量较大的暴雨所引起的洪水，水库对洪峰流量的削减率分别比典型洪水提高 12.3%、2.3% 和 9.3%。因此，对于降雨中心在上游、降雨强度较大以及降雨量较大的暴雨引起的洪水，水库调洪效果更好；其中同等量级暴雨引起的洪水，若发生在上游，水库调节洪峰流量效果最好。

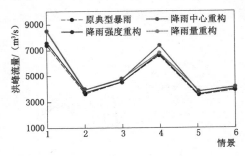

图 3.33　不同降雨特性下，
水库调度对洪峰流量的影响

在不同降雨特性下，防洪库容与洪峰流量的关系可以总结如下：同等量级暴雨，若降雨中心在上游，防洪库容平均每增加 1 亿 m³，最大 1 日流量减少 93.6～338.6m³/s；同等量级暴雨，若降雨强度增大，防洪库容平均每增加 1 亿 m³，洪峰流量减少 88.1～359.7m³/s；同等强度暴雨，若降雨量增大 30%，防洪库容平均每增加 1 亿 m³，洪峰流量减少 88.0～436.3m³/s。

表 3.24　　　　　　　　　暴雨重构下，二滩站洪峰流量变化情况　　　　　　　　　　　　%

情　景	原典型暴雨	降雨中心重构		降雨强度重构		降雨量重构	
	削减率	削减率	变化率	削减率	变化率	削减率	变化率
情景 2	50.4	54.1	7.3	51.2	1.6	53.8	6.7
情景 3	39.0	43.4	11.3	40.0	2.6	43.8	12.3
情景 4	10.3	19.2	86.4	11.4	10.7	12.6	22.3
情景 5	52.6	55.5	5.5	53.4	1.5	56.3	7.0
情景 6	46.9	51.4	9.6	47.9	2.1	51.0	8.7
均　值	39.8	44.7	12.3	40.7	2.3	43.5	9.3

2. 最大 3 日洪量

不同降雨特性下，水库调度对最大 3 日洪量的影响见图 3.34 和表 3.25。由表 3.25 可知，降雨中心在上游、降雨强度较大和降雨量较大的暴雨所引起的洪水，水库对最大 3 日洪量削减率分别比典型洪水提高 6.6%、1.5% 和 5.1%。因此，对于降雨中心在上游、降雨强度较大以及降雨量较大的暴雨引起的洪水，水库调洪效果更好；其中同等量级暴雨引起的洪水，若发生在上游，水库调节最大 3 日洪量效果最好。

在不同降雨特性下，防洪库容与最大 3 日洪量

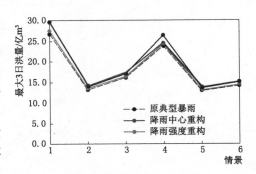

图 3.34　不同暴雨重构方案下，
各情景最大 3 日洪量

的关系可以总结如下：同等量级暴雨，若降雨中心在上游，防洪库容平均每增加 1 亿 m³，最大 3 日洪量减少 0.34 亿～1.22 亿 m³；同等量级暴雨，若降雨强度增大，防洪库容平均每增加 1 亿 m³，最大 3 日洪量减少 0.32 亿～1.32 亿 m³；同等强度暴雨，若降雨量增大 30%，防洪库容平均每增加 1 亿 m³，最大 3 日洪量减少 0.34 亿～1.5 亿 m³。

表 3.25　　　　　　　　暴雨重构下，二滩站最大 3 日洪量变化情况　　　　　　　　%

情　景	削　减　率			
	原典型暴雨	降雨中心重构	降雨强度重构	降雨量重构
情景 2	50.5	51.9	51.0	52.8
情景 3	39.1	40.9	39.7	41.8
情景 4	10.1	15.9	10.7	10.2
情景 5	51.8	53.1	52.4	54.2
情景 6	46.4	48.9	47.2	49.0
均　值	39.6	42.2	40.2	41.6

3. 峰现时间

在不同降雨特性下，水库调度对峰现时间的影响见表 3.26。从多情景平均来看，降雨中心在上游、降雨强度较大和降雨量较大的暴雨引起的洪水，洪峰出现时间分别比典型洪水推迟 4.2 天、3 天和提前 10.6 天。对于降雨量较大的暴雨引起的洪水，单水库对峰现时间的影响均表现为提前或未推迟状态，表明同等强度暴雨引起的洪水，若雨量较大，水库调节峰现时间的性能较差。对于同等雨量的暴雨引起的洪水，若发生在上游或降雨强度较大，水库对峰现时间的调节性能更好。

在不同降雨特性下，防洪库容与峰现时间的关系可以总结如下：同等量级暴雨，若降雨中心在上游，防洪库容平均每增大 1 亿 m³，洪峰流量推迟 1.5 天；同等量级暴雨，若降雨强度增大，防洪库容平均每增大 1 亿 m³，洪峰流量推迟 0～1.7 天；同等强度暴雨，若降雨量增大 30%，防洪库容平均每增大 1 亿 m³，洪峰流量提前 0～0.7 天。

表 3.26　　　　　　　　暴雨重构下，二滩站的峰现时间偏差　　　　　　　　单位：d

情　景	偏　差			
	原典型暴雨	降雨中心重构	降雨强度重构	降雨量重构
情景 2	15	24	15	−4
情景 3	15	10	15	−4
情景 4	5	1	5	0
情景 5	15	27	30	10
情景 6	15	24	15	10
均　值	13	17.2	16	2.4

3.5.4　小结

本节选取 2012 年 7 月 14 日至 2012 年 7 月 15 日暴雨过程，并对该场典型暴雨中心重构、强度重构以及雨量重构，对比不同降雨特性下水库调度对洪水的影响。主要结论如下：

（1）对于降雨中心在上游、降雨强度较大和降雨量较大的暴雨所引起的洪水，水库对洪峰流量的削减率分别比典型洪水提高 12.3%、2.3% 和 9.3%，水库对最大 3 日洪量削减率分别比典型洪水提高 6.6%、1.5% 和 5.1%。对于降雨中心在上游、降雨强度较大以及降雨量较大的暴雨引起的洪水，水库调洪效果更好；同等量级暴雨引起的洪水，若发生在上游，水库调节洪水效果最好。

（2）对于降雨中心在上游、降雨强度较大和降雨量较大的暴雨引起的洪水，水库调蓄后的洪峰出现时间分别比水库调蓄后的典型洪水推迟 4.2 天、3 天和提前 10.6 天。表明同等强度暴雨引起的洪水，若雨量较大，水库调节峰现时间的性能较差。对于同等雨量的暴雨引起的洪水，若发生在上游或降雨强度较大，水库对峰现时间的调节能力更强。

第4章

鄱阳湖流域水库群水文效应评估

4.1 流域

鄱阳湖流域位于长江中下游，地处东经 113°35′～118°29′，北纬 24°29′～30°05′，总流域面积为 16.22 万 km²，占江西省总面积的 97.2%，长江流域面积的 9%[98]。鄱阳湖为我国最大的淡水湖，北临长江，东、西、南面大部为鄱阳湖平原。鄱阳湖平原是鄱阳湖周围的湖滨平原，为群山所环绕。赣江、抚河、信江、修水、饶河为注入鄱阳湖的五条主要河流，五河子流域形成了一个完整的流域系统，是长江水系的重要组成部分。流域总人口约 4500 万人，国民生产总值约占全国的 2.5%，为长江三角洲经济区、珠江三角洲经济区和海峡西岸经济区的中心腹地，主要城市包括南昌、抚州、赣州、鹰潭、上饶、宜春、吉安等。

4.1.1 自然地理

鄱阳湖流域地域广阔，北部为鄱阳湖及鄱阳湖平原，东、西、南三面环山。流域地质构造及地貌类型多样，多山地、丘陵，其中山地面积约 6 万 km²，约占总流域面积的 37%；丘陵面积约 6.8 万 km²，约占流域总面积的 42%。岗地、平原和水面分别占流域面积的 4%、8% 和 10%。鄱阳湖平原为流域内最大平原，由长江及鄱阳湖水系赣江、抚河、信江、修水、饶河等河流冲积而成，属于长江中下游平原的一部分；其次是散布于山地丘陵地区的河谷平原和盆地内的冲积平原。

4.1.1.1 地形

鄱阳湖流域地势四周高，中间低，整个流域形成以鄱阳湖为底部的大盆地。流域海拔高程为 7～1997m（图 4.1），平均海拔约 251m，其中 100m 以下约占流域的 30.8%，200m 以下约占流域的 52.7%，500m 以下约占流域的 87.3%，1000m 以下约占流域的 98.7%；流域地形坡度为 0°～34°（图 4.1），其中 1° 以下约占流域的 34%，2° 以下约占流域的 49%，3° 以下约占流域的 60%，5° 以下约占流域的 75%，10° 以下约占流域的 93%。

4.1.1.2 土壤

红壤、黄壤、山地黄棕壤、山地草甸土、紫色土、潮土、石灰土及水稻土是鄱阳湖流域主要的土壤类型。红壤为鄱阳湖流域分布最广、面积最大的地带性土壤，为流域最重要

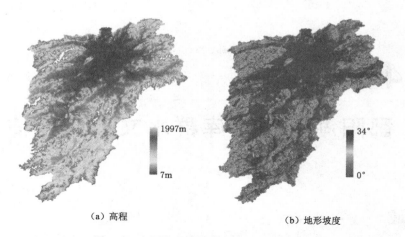

（a）高程　　　　　　　　　　　　　　（b）地形坡度

图 4.1　鄱阳湖流域高程及地形坡度分布

的土壤资源，总面积约 13000 万亩，约占流域总面积的 55%；黄壤面积约 2500 万亩，约占流域总面积的 10%，主要分布于海拔 700~1200m 的山地中上部，土体厚度不一，自然肥力一般较高，适于林业发展；山地黄棕壤主要分布于海拔 1000~1400m 的山地，土壤肥力高，适于林业发展和药材种植等；山地草甸土零星分布于海拔 1400~1700m 高山的顶部，有利于有机质的积累，土壤潜在肥力高，部分地块可用于药材种植等；紫色土主要分布在赣江、抚河、信江的丘陵地带，面积约 800 万亩，约占流域总面积的 3%，磷和钾的含量较为丰富，是蜜橘以及烟草等经济作物的重要适种土壤；潮土主要分布在鄱阳湖沿岸和五大河流的河谷平原，土层深厚，质地砂壤至轻黏土，土壤物理性质一般较好，土体疏松多孔，通气透水，是流域棉花、甘蔗、麻类的重要种植土壤；石灰土零星见于石灰岩山地丘陵区，一般土层浅薄，大多具有石灰反应；水稻土由各类自然土壤水耕熟化而成，为流域主要的耕作土壤，广泛分布于流域山地丘陵谷地及河湖平原阶地，面积约 3000 万亩以上，是流域耕地的主要土壤之一。

4.1.1.3　植被及土地利用

鄱阳湖流域地处我国东南部湿润地区森林带，与气候地理带相对应，据江西省 2018 年国土绿化状况公报显示[99]，流域内森林覆盖率约为 63%。植物带的地理分布随纬度变化而呈现出水平方向的差异，也随海拔高度不同而呈现出垂直方向的差异。常绿阔叶林、常绿落叶混合林、亚热带针叶林和竹林为主要植被代表类型，以次生类型为主。

鄱阳湖流域的土地利用类型包括农用地、建设用地和未利用地。其中，农用地包括耕地、园地、林地、牧草地和其他农用地。建设用地包括居民点及工矿用地、交通运输用地、水利设施用地。根据江西省土地利用整体规划[100]报告，截至 2005 年年底，流域农用地面积约 14 万 km^2，约占流域总面积的 85%，为流域最广泛的土地利用类型。农用地中，耕地约 2.8 万 km^2、园地约 0.3 万 km^2、林地约 10.3 万 km^2、其他农用地约 0.7 万 km^2。流域建设用地面积约 0.9 万 km^2，约占土地总面积的 5%，其中居民点及工矿用地约 0.6 万 km^2、交通运输用地约 600km^2、水利设施用地约 0.2 万 km^2。流域未利用地面积约 1.6 万 km^2，约占流域总面积的 10%。总体而言，流域土地资源开发利用的程度相对较高，效益较为显著。受地形影响，流域土地利用的空间分布差异较大，其中耕地、居民点及工矿用地等主要分布在鄱阳湖周边的平原、盆地和海拔较低的丘陵及河谷地带；林地主要分布在山地丘陵区。

4.1.2　气候

鄱阳湖流域地处亚热带湿润季风气候区，气候温和，光照充足，雨量丰沛。春夏之交多梅雨，秋冬季节降雨较少。春季阴冷，夏季高温多雨，秋季风和日丽，冬季湿冷且多偏北大风[101]。

4.1.2.1　降水

根据流域 1961—2015 年的逐日气象数据分析，流域多年平均年降水量约 1640mm，不同区域为 1300～2000mm（图 4.3）。流域降水季节性显著，全年降水 70％以上集中在 3—7 月。最大降雨量一般集中在 4—6 月，常以暴雨出现，最小降雨量出现在 11—12 月。因此，流域内洪涝干旱灾害较为严重[101]。受地形的影响，降水量空间分布差异较大，流域西北部、东北部山区一带是多雨地区，年雨量多达 1800～2000mm；九江附近及流域西南部是少雨地区，但年雨量亦达 1300～1500mm；其余大部分地区为 1500～1800mm。1954—2013 年的 60 年间，鄱阳湖流域的年降水量总体呈上升趋势，其中夏季降水上升显著[102]。

4.1.2.2　气温

根据流域 1961—2015 年的逐日气象数据分析，流域内多年平均气温为 11～20℃（图 4.2），总体而言北部气温较低，南部气温较高，山区气温最低。年内分布上，最高气温一般出现在 7 月，月平均气温为 27～30℃，极端最高气温值在 40℃以上；最低气温一般出现在 1 月，月平均气温为 3.5～5.5℃，多年极端最低气温值在 −3℃以下。1954—2013 年的 60 年间，鄱阳湖流域年平均气温呈显著上升趋势，气温倾向率为 0.173℃/10a，在 20 世纪 90 年代中期发生突变。年极端最低气温呈显著上升趋势，多数站点在 20 世纪 70 年代中后期发生突变。鄱阳湖流域年平均气温在空间上的分布特征是南高北低，气温上升幅度则大致为北部高，中南部低[103]。

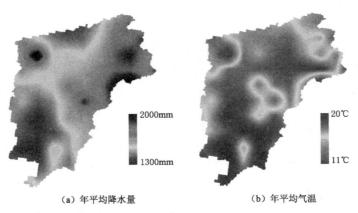

（a）年平均降水量　　　　　　　（b）年平均气温

图 4.2　鄱阳湖流域年平均降水量和年平均气温分布

4.1.3　水系

鄱阳湖流域降水充沛，河网密布，水系发育旺盛。流域内河流众多，集水面积大于 10km² 的河流有 3300 余条，集水面积大于 1000km² 的河流有 40 条，集水面积超过 1 万 km² 的主要河流为赣江、抚河、信江、饶河和修水。鄱阳湖水系是一个完整的水系，各大小河流的水均注入鄱阳湖，经调蓄后由湖口流入长江，为长江水系的重要组成部分。

4.1.3.1　鄱阳湖

鄱阳湖位于长江中下游右岸，是我国最大的淡水湖。鄱阳湖受长江和赣江、抚河、信江、饶河和修水五大河水位制约、水量吞吐平衡而形成的通江湖泊，它通过吸纳五河来水，调蓄后经湖口注入长江，为季节性吞吐型湖泊[104]。

鄱阳湖多年平均气温 16.5～17.8℃，7 月气温最高，日平均气温 30℃，极端最高气温 40.5℃；1 月气温最低，日平均气温 4.4℃，极端最低气温零下 11.9℃。多年平均年降水量 1542mm。降水时空分布不均，具有明显的季节性和地域性，其中 4—9 月降水量占年总量 69.4%。降水年际变化大，同一地点年降水量最大相差 2～3 倍。

多年平均经湖口汇入长江的年径流量为 1468 亿 m³。最大年径流量 2646 亿 m³（1998年），最小年径流量 566 亿 m³（1963 年）。4—9 月径流量占全年 69%，其中 4—7 月占 53.8%[104]。

4.1.3.2　赣江

赣江发源于江西省石城县，干流自南向北流经赣州、吉安、宜春、南昌、九江 5 市，尾间分南、中、北、西四支汇入鄱阳湖。主河道长 823km，主河道纵比降 0.273‰。控制流域范围在东经 113°30′～116°40′及北纬 24°29′～29°11′，总面积约 8.28 万 km²。流域东西窄而南北长，南北最长 550km，东西平均宽约 148km，呈不规则四边形。按河谷地形和河道特征划分为上、中、下游三段。赣州市以上为上游，河流自东向西流。赣州市至新干县为中游，新干县以下为下游，中下游总体流向自南向北[105]。

赣江流域河网密布，水量丰富。控制流域面积 10km² 以上河流有 2072 条，主要一级支流有湘水、濂水、梅江、平江、桃江、章水、遂川江、蜀水、孤江、禾水、乌江、袁水、肖江、锦江等。

流域年平均气温为 18.3℃，从上游向下游递减，上游为 18.5～19.5℃，中游为 18～18.5℃，下游为 17.5℃，上游气温变差小，下游气温变差大。极端最高气温 41.6℃，极端最低气温零下 12.5℃，最高气温多出现在 7—8 月，最低气温多出现在 1—2 月。

流域多年平均年降水量 1580mm，时空分布不均，具有明显的季节性和地域性。1—3 月降水量占全年的 19.6%，4—6 月占 46.6%，7—9 月占 22%，10—12 月占 11.8%。年际变化大，同一地点年降水量最大相差 2～3 倍。空间分布上，降水总体从流域周边山区向中部盆地递减。中游西部山区一带为多雨区，多年平均降水量 1800mm 以上，最大值达 2140mm。赣州盆地、吉泰盆地及下游尾间为少雨区，多年平均降水量小于 1400mm[105]。

赣江下游控制站外洲水文站 1961—2006 年的月径流分布如图 4.3 所示，实测多年平均年径流量 690 亿 m³，占鄱阳湖水系总径流量（1468 亿 m³）的 47.0%，其中 3—7 月径流量占年径流量的 67%，4—6 月占 48%。最大年径流量 1150 亿 m³（1973 年），最小年径流量 237 亿 m³（1963 年），极值比为 4.85。多年平均径流系数 0.53，径流深 845mm。

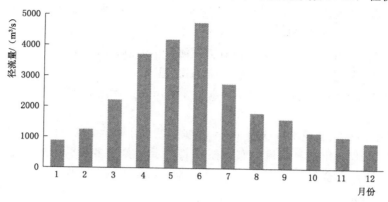

图 4.3　赣江外洲水文站 1961—2006 年的月径流分布

4.1.3.3　抚河

抚河发源于广昌、石城、宁都三县交界处，干流自南向北流，经广昌、南丰、南城、金溪、临川、丰城、南昌、进贤等县（市、区），在进贤县汇入鄱阳湖。主河道长 348km、纵比降 0.111‰，控制流域地处东经 115°35′～117°09′及北纬 26°30′～28°50′，总面积约 1.65 万 km²，呈菱形。流域面积 200km² 以上一级支流 10 条，其中 500km² 以上一级支流 4 条[106]。

流域多年平均气温 17.8℃，极端最高气温 42.1℃（1971 年）、最低气温 −12.7℃（1991 年）。多年平均年降水量 1732mm，4—9 月降水量占全年的 67%；降水时空分配不均，最大年水量 2337mm（1997 年）、最小年降水量 1132mm（1963 年），东南部降水量多于西北部[106]。

抚河多年平均年径流量 165.8 亿 m³，占鄱阳湖水系总径流量（1468 亿 m³）的 11.3%。抚河下游李家渡水文站 1961—2006 年的月径流分布如图 4.4 所示，实测多年平均年径流量 125 亿 m³，其中 3—7 月径流量占全年的 79%，4—6 月径流量占全年的 54%。

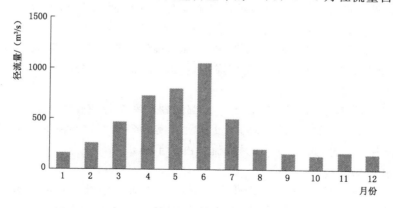

图 4.4　抚河李家渡水文站 1961—2006 年的月径流分布

4.1.3.4　信江

信江发源于浙赣边界江西省玉山县，干流流经玉山、上饶、铅山、横峰、弋阳、贵溪、鹰潭、余江、余干等县（市、区），在余干县分为东西两大河，东大河汇同饶河在龙口汇入鄱阳湖，西大河在瑞洪镇注入鄱阳湖。主河道长 359km，控制流域在东经 116°19′～118°31′及北纬 27°32′～28°58′，总面积约 1.76 万 km²，呈不规则矩形。流域面积 500km² 以上支流 8 条（其中一级支流 7 条），较大一级支流有丰溪河、铅山河、白塔河[107]。

流域多年平均气温 17.8℃，极端最高气温 43.3℃（1953 年）、极端最低气温 −14.3℃（1991 年）。流域多年平均年降水量 1860mm，年内分配不均，4—9 月降水量占全年的 69.3%[107]。

信江多年平均年径流量 209.1 亿 m³，占鄱阳湖水系总径流量的 14.2%。信江下游梅港水文站 1961—2006 年的月径流分布如图 4.5 所示，实测多年平均年径流量 180 亿 m³，其中 3—7 月径流量占全年的 79%，4—6 月径流量占全年的 53%。

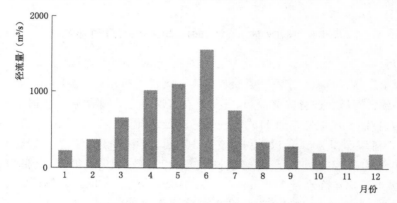

图 4.5　信江下游梅港水文站 1961—2006 年的月径流分布

4.1.3.5　饶河

饶河发源于皖赣交界江西省婺源县，干流流经婺源县、德兴市、乐平市、万年县、鄱阳县，在鄱阳县注入鄱阳湖。主河道长 299km，控制流域位于东经 116°30′～118°13′及北纬 28°34′～30°02′，总面积 1.53 万 km²，呈鸭梨形。流域面积 500km² 以上支流 9 条（其中一级支流 8 条），较大一级支流有昌江、建节水和安殷水[108]。

流域多年平均气温 17.3℃，极端最高气温 41.2℃（1971 年）、极端最低气温 −13.4℃（1991 年）。流域多年平均年降水量 1850mm，年内分配不均，4—9 月降水量占全年的 69.1%[108]。

饶河多年平均年径流量 165.6 亿 m³，占鄱阳湖水系总径流量的 11.3%，饶河虎山水文站 1961—2006 年的月径流分布如图 4.6 所示，实测多年平均年径流量 71 亿 m³，其中 3—7 月径流量占全年的 83%，4—6 月径流量占全年的 54%。

4.1.3.6　修水

修水发源于铜鼓县九岭山脉大围山西北麓。干流流经铜鼓、修水、武宁、永修等县（市、区），全长 419km，河道平均坡降 0.46‰，控制流域地处东经 113°56′～116°01′及北纬 28°23′～29°32′，总面积 1.48 万 km²，西高东低，东西长、南北窄，形似芭蕉叶[109]。

修水水系绕山穿谷、河溪密布。抱子石水库为上游段，柘林水库坝址以下为下游段。流域面积 500～1000km² 一级支流 3 条，1000～3000km² 支流 1 条，3000km² 以上支流 1 条。

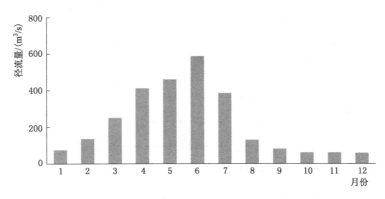

图 4.6　饶河虎山水文站 1961—2006 年的月径流分布

流域多年平均气温 16.7℃，局部极端最低气温 −15.2℃，极端最高气温 44.9℃。流域多年平均年降水量 1663mm，实测最大年降水量 2294mm（1998 年），最小年降水量 1139mm（1968 年）。降水量中上游多于下游，山区明显多于尾闾区[109]。

流域多年平均年径流量 135.05 亿 m^3，占鄱阳湖水系总径流量的 9.2%。修水支流万家埠水文站 1970—1999 年的月径流分布如图 4.7 所示，实测多年平均年径流量 36 亿 m^3，其中 3—7 月径流量占全年的 77%，4—6 月径流量占全年的 47%。

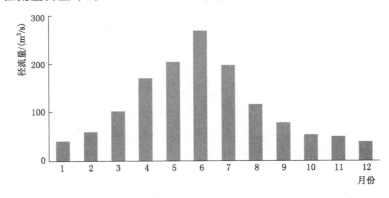

图 4.7　修水支流万家埠水文站 1970—1999 年的月径流分布

4.1.3.7　小结

赣江、抚河、信江、饶河、修水等五大河流的流域面积之和约占鄱阳湖流域面积的 91%，多年平均径流量之和约占鄱阳湖水系多年平均径流量的 93%。五河各流域相对闭合，是鄱阳湖水系的主要组成部分。表 4.1 汇总了五河的干流长度、流域面积、多年平均降水量、多年平均径流量等基本概况。

表 4.1　　　　　　　　　　　　　五河和鄱阳湖流域基本概况

流域	干流长度/km	流域面积/万 km^2	多年平均降水量/mm	多年平均径流量/亿 m^3
赣江	823	8.28	1580	690.0
抚河	348	1.65	1732	165.8

续表

流域	干流长度/km	流域面积/万 km²	多年平均降水量/mm	多年平均径流量/亿 m³
信江	359	1.76	1860	209.1
饶河	299	1.53	1850	165.6
修水	419	1.48	1663	135.1
鄱阳湖	—	16.22	1640	1468.0

4.2　陆面水文耦合模式 CLHMS 构建

4.2.1　模式运行设置

本章设置模式网格大小为 10km，陆面模式 LSX 的时间步长为 20 分钟，水文模型 HMS 的时间步长为 1 天。设置模式预热时间为 1 年，其目标是使模式模拟的地下水流达到初始平衡态，从而使陆地水循环闭合。模式默认投影方式为兰伯特方位等积投影（Lambert Azimuthal Equal Area）。

将鄱阳湖流域标识 ARCGIS 文件转化为模式可读的 FMT 文件，生成矩形计算域 66 行 47 列共 3102 个网格，其中代表鄱阳湖流域的有效网格 1623 个，总面积 16.23 万 km²。

4.2.2　模式数据库构建

模式的数据库包括 LSX 数据库和 HMS 数据库两部分。其中，LSX 所需数据包括气象驱动、植被及土地利用数据、土壤数据。HMS 所需数据包括数字高程模型（DEM）和累积流数据，经过模式前处理工具进一步生成地表高程、高程标准差、流域范围、河道深度、初始水面高程等 HMS 初始化所需数据。

本节通过融合多源数据构建包括鄱阳湖流域在内的全中国范围的模式数据库，使模式可以在全国任一流域开展模拟而无需另外建立数据库。

4.2.2.1　气象数据库

模式所需的气象驱动数据包括小时降水、小时气温、每 6 小时比湿、每 6 小时风速、每 6 小时气压、每 6 小时红外辐射、每 6 小时直射可见光、每 6 小时直射近红外、每 6 小时散射可见光、每 6 小时散射近红外、每 6 小时云量等。

模式原始的历史降水和气温驱动数据分别为 2.5°×2.0° 空间分辨率的观测降水格点数据和 1.875°×1.875° 空间分辨率的 NCEP/NCAR 气温再分析数据。由于驱动数据的分辨率较粗，模拟效果不佳。近年来，国家气象信息中心基于最新整编的中国地面 2472 个国家级气象观测站的降水气温资料，利用薄盘样条法（Thin Plate Spline，TPS）进行空间插值，生成了中国地面水平分辨率 0.5°×0.5° 的日值降水、最高气温、最低气温和平均气温格点数据。其中，鄱阳湖流域及其附近的空间数据格点分布图如图 4.8 所示。

将原始降水和气温数据库分别替换为上述中国地面降水日值 $0.5°\times0.5°$ 格点数据集（V2.0）和中国地面气温日值 $0.5°\times0.5°$ 格点数据集（V2.0）。同时，为满足模式的降水输入格式，需将日值降水降尺度至小时尺度。由于研究中所呈现各类模拟结果的最小时间尺度为日，经多次模拟验证发现，相对于参数率定，各类降尺度方法所导致的结果差异性相对较小，且主要集中在少数高流量事件中。因此，为简便计算，以随机权重对日值降水进行降尺度，从而生成小时降水数据：

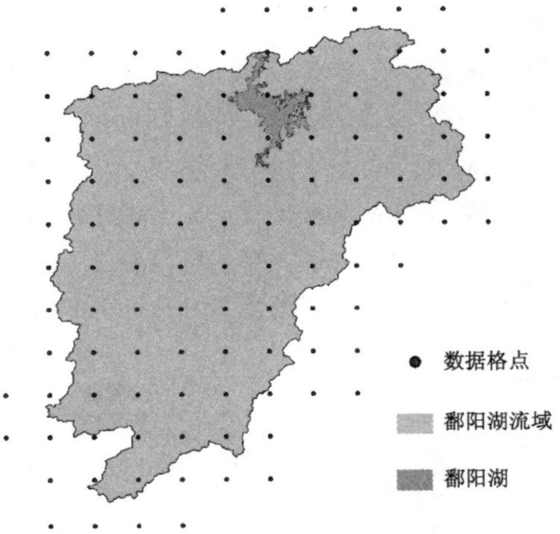

$$p_{i,d} = p_d \, \mathrm{rand}_i^2 \qquad (4.1)$$

且满足
$$\sum_{i=1}^{24} \mathrm{rand}_i^2 = 1 \qquad (4.2)$$

图 4.8 鄱阳湖流域及其附近的历史日降水及气温驱动数据格点分布

式中：p_d 为第 d 天的日降水量；$p_{i,d}$ 为第 d 天第 i 小时的小时降水量；rand_i 为使式（4.2）成立的随机数组。

为满足模式气温输入格式，假设日最低气温出现在 6：00，日最高气温出现在 14：00，对日值气温进一步采用如下降尺度方法生成小时气温数据：

$$t_{i,d} = \begin{cases} t_{d,\min} & (i=6) \\ t_{d,\max} & (i=14) \\ \min t_{i-1,d}, t_{d,\max} - (t_{d,\max} - t_{d,\min})\mathrm{rand} & (6 < i \leqslant 23; i \neq 14) \\ \max t_{i+1,d}, t_{d,\min} + (t_{d,\max} - t_{d,\min})\mathrm{rand} & (0 \leqslant i < 6) \end{cases} \qquad (4.3)$$

且满足，

$$\sum_{i=1}^{24} \frac{t_{i,d}}{24} = t_{d,\mathrm{mean}} \qquad (4.4)$$

式中：$t_{d,\mathrm{mean}}$、$t_{d,\max}$、$t_{d,\min}$ 分别为第 d 天的日平均气温、日最高气温和日最低气温；$t_{i,d}$ 为第 d 天第 i 小时的小时气温；rand 为使式（4.4）成立的随机数组。

比湿、风速、气压、红外辐射、直射可见光、直射近红外、散射可见光、散射近红外、云量等数据由 NCEP/NCAR 再分析资料提供，时间分辨率为 6h，空间分辨率为 $1.875°\times1.875°$，空间范围为全球。

4.2.2.2 数字高程及累积流数据

模式前处理程序利用数字高程模型（DEM）和累积流数据（ACC）生成 5～20km 尺度的地表高程、高程标准差、河道深度、初始水面高程数据，用于模式水文模块 HMS 的初始化。模式原始数据库采用 1km 分辨率的 HydroDEM 1K 作为数字高程模型和累积流数据的数据源。然而，由于 HydroDEM 1K 受其采样方式和分辨率的限制，不少地区的河网与实际情况存在较大出入，导致处理得到的河道深度、河道走向与实际偏差较大，难以满足大尺度流域较高分辨率模拟研究的需求。因此，选用由 90m 分辨率的航天飞机雷达地形测绘任务（SRTM）发展而来的 HydroSHEDS（Hydrological data and maps based on Shuttle Elevation Derivatives at multiple Scales）[110] 作为模式初始化的数据源，数据的可用空间范围为全亚洲。为了使其能应用于模式，首先将数据变换至兰伯特方位等积投影，然后进一步采用考虑网格累积流的 ZB 算法[80] 将全国及鄱阳湖流域范围内的数据升尺度至 10km，最后利用 HMS 前处理工具得到的鄱阳湖流域 10km 分辨率的地表高程和河道深度分布如图 4.9 所示。

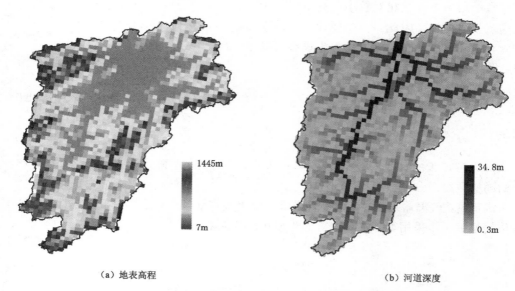

（a）地表高程　　　　　　　　　　　　　　　　（b）河道深度

图 4.9　鄱阳湖流域 10km 分辨率的地表高程和河道深度分布

4.2.2.3　植被及土地利用

模式内置的植被土地利用模块将植被和土地利用分为 12 个类型，分别是：常绿阔叶林、落叶阔叶林、常绿落叶混合林、针叶阔叶林、高海拔落叶林、草地、草地/零星耕地、林地/零星草地、灌木和裸土、地衣/苔藓、裸地和耕地。模式的土地利用驱动采用由中分辨率成像光谱仪（MODIS）生成的 1km 网格土地利用数据[111]，数据的可用空间范围为全国。为了使其能应用于模式，首先重投影至兰伯特方位等积投影，然后利用重采样算法将全国及鄱阳湖流域范围内的数据升尺度到模式 10km 分辨率。在全国和鄱阳湖流域范围，MODIS 数据对应的模式植被及土地利用类型如图 4.10 所示。

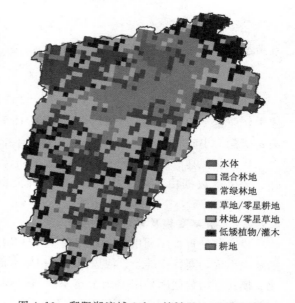

图 4.10　鄱阳湖流域 10km 植被及土地利用数据

4.2.2.4 土壤

模式所需土壤数据包括砂土含量和黏土含量,用于计算土壤饱和含水率、饱和基质势、饱和水力传导度等土壤参数。研究中模式土壤驱动采用世界土壤数据库(Harmonized World Soil Database version 1.1,HWSD)1km 土壤类型数据[112],数据的可用空间范围为全国。为了使其能应用于模式,首先重投影至兰伯特方位等积投影,然后利用重采样算法将全国及鄱阳湖流域范围内的数据升尺度至模式的 10km 分辨率,得到全国及鄱阳湖流域的黏土和砂土含量如图 4.11 所示。

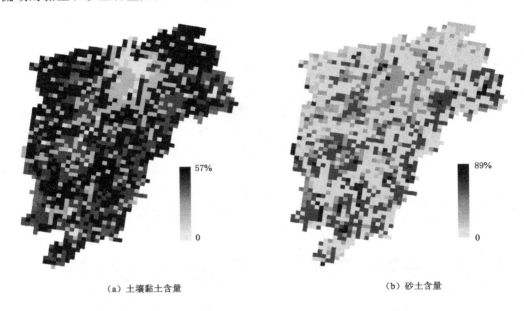

(a) 土壤黏土含量   (b) 砂土含量

图 4.11 鄱阳湖流域 10km 土壤黏土含量和砂土含量分布

4.2.3 模式参数敏感性分析

陆面水文模式 CLHMS 具有共同的 6 个可调节参数,均来自分布式水文模型 HMS。本节采用定性与定量结合的方法对 HMS 的可调节参数进行敏感性分析,在利用似然判据的概念确定模式等效参数组的基础上,进一步通过参数互相关矩阵和 Sobol 全局敏感性分析方法确定敏感性参数和等效参数组,从而尽可能提高模式的率定精度和效率。

分布式水文模型 HMS 具有 6 个可调节参数,分别为:地表河道糙率、河床水力传导系数,以及深层含水层的饱和水力传导系数、孔隙度、厚度和涓萎系数。其中,地表糙率主要影响地表水的汇流过程,河床水力传导系数主要影响地表水和地下水的交换过程。其他 4 个与土壤相关的参数(饱和水力传导系数、孔隙度、含水层厚度、涓萎系数)主要决定 HMS 深层含水层土壤水分的分布,对地下水位也有一定影响。

4.2.3.1 等效参数组

为了评估上述 6 个参数的敏感性,首先采用了广义似然不确定性估计(GLUE)的思想,利用拉丁超立方采样方法(Latin Hypercube,LH)随机抽样 5000 组参数并对

1978—1987 年赣江峡山水文站的径流过程进行模拟，选取径流模拟值的日尺度 NSE 为似然判据，图 4.12 展示了各参数值与似然值的散点分布图。结果表明，地表糙率十分敏感，河床水力传导系数相对敏感，而其他 4 个参数则为不敏感参数。

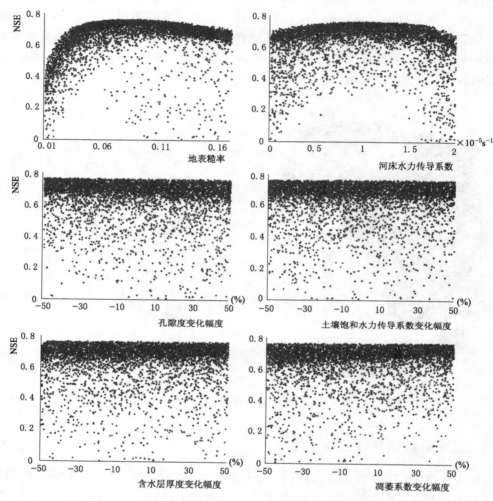

图 4.12   各参数值与似然值的散点分布

4.2.3.2   参数互相关矩阵

为了进一步分析这些参数的不确定性，以似然判据等于 0.70 作为阈值，将所有参数组分为等效组和非等效组[113]。按照 Hui 和杨明祥等[114-115]的方法，计算等效参数组中两参数间的互相关系数矩阵，从而分析参数之间的相关性。表 4.2 中所有这 4 个不敏感参数之间都具有负相关关系，这些相关系数大多小于−0.4，且大部分都达到 95％的显著性水平。这意味着，这 4 个参数对模型效果的影响可以互相抵消，这可以部分解释率定过程中的异参同效现象[115]。地表糙率和河床水力传导系数与其他参数的线性相关性通常较弱，相关性系数接近于零。该结果表明，从线性相关的角度看，它们的影响不太可能被其他参数抵消，这可能是它们异参同效现象不明显的原因之一。

参　数	河床水力传导系数	地表糙率	饱和水力传导系数	孔隙率	含水层厚度	凋萎系数
表 4.2			参数互相关系数矩阵			
河床水力传导系数	1					
地表糙率	−0.18	1				
饱和水力传导系数	0.11	−0.03	1			
孔隙率	0.16	−0.14	−0.71*	1		
含水层厚度	−0.15	0.23	−0.20	−0.66*	1	
凋萎系数	0.05	0.03	−0.55*	−0.42*	−0.42*	1

注　*表示达到 95% 显著性水平。

进一步研究发现，上述现象的根本原因与模型参数的物理机制有关。饱和水力传导系数、孔隙率、含水层厚度和凋萎系数通过均衡态的理查德方程控制了 HMS 深层含水层中土壤水和地下水的分布。因此，增加一个参数的参数值的同时减小另一个的参数值可以得到相似的模型输出。地表糙率和河床水力传导系数分别控制着地表水的流动以及地表水和地下水之间的整体交换，因此，它们与其他参数之间的关系更加独立，并且对模型输出的影响更大。

4.2.3.3　Sobol 全局敏感性分析

Sobol 全局敏感性分析（Sobol's Global Sensitivity Analysis）是基于方差分配的全局敏感性分析方法，其主要思想是模型或函数 $f(x)$ 可以分解为单个变量和变量之间相互作用的函数之和[116-118]，表达式如下：

$$f(x_1, x_2, \cdots, x_k) = f_0 + \sum_{i=1}^{k} f_i(x_i) + \sum_{1 \leqslant i \leqslant j \leqslant k} f_{ij}(x_i, x_j)$$
$$+ \cdots + f_{1,2,\cdots,k}(x_1, \cdots, x_k) \tag{4.5}$$

式中：$x_1, x_2, \cdots, x_k$ 为函数或模型的参数。模型或函数的方差可由各部分方差之和确定：

$$D = \sum_{i=1}^{k} D_i + \sum_{1 \leqslant i \leqslant j \leqslant k} D_{ij} + \cdots + D_{1,2,\cdots,k} \tag{4.6}$$

式中：D 为模型或函数总方差；D_i 为参数 x_i 通过参数 x_i 作用贡献的方差；D_{ij} 为参数 x_i 通过参数 x_i，x_j 贡献的方差；$D_{1,2,\cdots,k}$ 为参数 x_i 通过参数 x_i，x_j，$\cdots$，x_k 贡献的方差。定义参数及参数相互作用的方差与总方差的比值为敏感度，反映参数 x_i 对模型或函数输出总方差的贡献率，则参数 x_i 的一阶敏感度 S_i、二阶敏感度 S_{ij} 分别为

$$S_i = \frac{D_i}{D}$$

$$S_{ij} = \frac{D_{ij}}{D} \tag{4.7}$$

以此类推，可得到三阶、多阶敏感度。参数 x_i 的总敏感度 S_{tot} 即为各阶敏感度之和。其中，S_i 为 x_i 单一参数对模型或函数方差的影响，而 S_{tot} 代表参数 x_i 对模型或函数方差的

总贡献，包括单一参数和参数相互作用。S_i 及 S_{tot} 越大，参数越敏感。

最初的 Sobol 敏感性分析假定参数需相互独立，近年来 Hui 等[114]指出，Sobol 敏感性分析在参数独立和参数不独立两种情况下得到的结论相似。因此，认为 Sobol 敏感性分析适用于分析单个参数以及参数相互作用对 HMS 模拟效果的影响，从而量化各参数的敏感性。

图 4.13 展示了 Sobol 全局敏感性分析得到的每个参数的一阶敏感度和总敏感度。其中，敏感性指数大于 0.1 的参数可以被认为是高度敏感参数，0.01 和 0.1 之间的敏感性指数可以被认为是敏感参数[119]。因此，地表糙率是高度敏感参数，河床水力传导系数次之，而其他参数则不敏感。该结果与图 4.12 中 NSE 和参数值的散点图一致。从图 4.13 中还可以看出，两个参数的总敏感度与一阶敏感度之间相差较大，这说明模型参数的相互作用较大，特别是对于两个高度敏感的参数，即地表糙率和河床水力传导系数，其原因在于敏感参数的变化（无论是否与其他参数的变化一致）必然会导致模型输出的巨大差异。

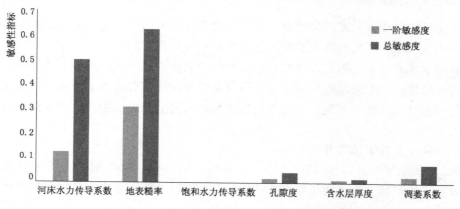

图 4.13　Sobol 全局敏感性分析计算结果

4.2.4　CLHMS 模式率定和验证

4.2.4.1　基于水文站的模式率定和验证

本节利用赣江外洲站、抚河李家渡站、信江梅港站、饶河虎山站、修水万家埠站的日径流资料对鄱阳湖流域无水库群参数化方案的 CLHMS 模式进行率定和验证。为了规避大中型水库和其他人类活动的影响，从而使模式能够尽可能还原流域天然径流过程，结合 20 世纪 70 年代末鄱阳湖流域大部分大中型水库已建成这一事实，选定 1961—1965 年为率定期，1966—1980 年为验证期。

4.2.3.3 节的敏感性分析表明，河床水力传导系数和地表糙率是 CLHMS 模式中控制地表水和地表水-地下水交互的两个敏感参数，因此选择这两个参数作为率定参数。其他参数，例如深层含水层的孔隙度和厚度，对径流过程的影响可以忽略，因此不在研究的率定范围内。通过拉丁超立方采样方法随机生成 1000 个参数组，并将纳什效率系数最高的参数组作为最佳参数值。

图 4.14 展示了三个站在 1961—1980 年期间的观测和模拟月径流量，表 4.3 给出了相对误差（PBIAS）和月尺度纳什效率系数（NSE）的率定和验证结果。结果表明，无水库

群参数化方案的 CLHMS 模式的模拟效果较好，率定期和验证期所有三个站点的 NSE 均超过 0.85。

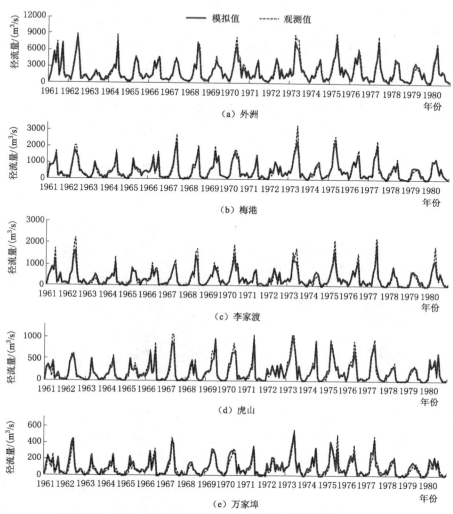

图 4.14 1961—1980 年期间五河水文站的观测和模拟月径流量

表 4.3 无水库群参数化方案的 CLHMS 率定和验证结果

水 文 站	率　定　期		验　证　期	
	PBIAS	NSE（月）	PBIAS	NSE（月）
外洲	0.0	0.96	−0.02	0.95
梅港	0.04	0.96	0.05	0.95
李家渡	−0.03	0.92	−0.06	0.90
虎山	0.01	0.94	0.0	0.93
万家埠	0.04	0.88	0.05	0.85

4.2.4.2　基于径流系数空间分布的模式验证

21 世纪初，中华人民共和国水利部进行了第二次全国水资源调查评价。该次评价使用了大量监测和调查数据，采用了统一的测算标准，利用了最新的方法和技术，对水资源的数量、质量、时空分布特征、开发利用条件、开发利用现状和供需发展趋势进行了综合评估。这次评价产出了诸多很有价值的成果，例如基于约 13600 个降水监测站和约 3100 个水文站数据得到的 1956—2000 年的全国长期年降水量和径流量地图（比例尺为 1∶60 万），提供了中国最可靠的水资源信息。Yan 等[120]首先以 0.1°的空间分辨率对这些地图栅格化，然后以相同的分辨率转换成了径流系数的空间分布图。本节将CLHMS 模拟得到的径流系数空间分布与水资源调查评价得到的径流系数空间分布进行对比，从而验证模式模拟产流空间分布的能力。图 4.15 展示了基于第二次全国水资源调查评价的鄱阳湖流域径流系数空间分布图，以及模式模拟得到的径流系数的相对误差空间分布，图 4.16 展示了相对误差的频率分布。

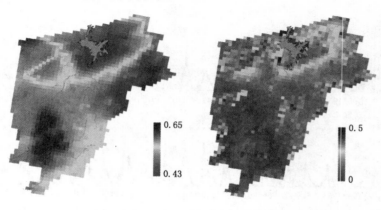

（a）径流系数空间分布　　　　　（b）径流系数的相对误差空间分布

图 4.15　基于第二次全国水资源调查评价的径流系数空间分布及
模式模拟得到的径流系数的相对误差空间分布

从图 4.15 和图 4.16 中可以看出，鄱阳湖流域北部平原区的径流系数较小，而流域四周及南部广大地区的径流系数较大。CLHMS 模式模拟径流系数空间分布的整体效果较好，其中约 60% 的网格的相对误差在 10% 以下，约 80% 的网格的相对误差在 15% 以下，近 90% 的网格的相对误差在 20% 以下。相对误差较大的地区主要分布在鄱阳湖平原附近，其原因之一可能是该地较强的人类活动（如灌溉）增大了实际蒸散发，使得模式所模拟的蒸散发较实际偏小，导致径流系数偏大。总体而言，模式模拟空间产流量的效果较好，为接下来

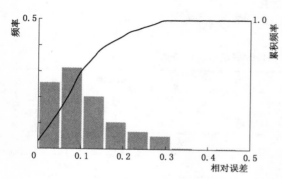

图 4.16　CLHMS 模拟得到的径流系数相对
误差的频率分布和累积频率曲线

的研究奠定了基础。

4.2.5 小结

本节首先从自然地理、气象、水系、水库等方面对鄱阳湖流域进行了概述。在此基础上，对中国气象局日值降水气温格点数据、NCEP 再分析资料、ERA Interim 再分析资料、HydroSHEDS 数字高程和累积流数据、AVHRR 土地利用数据集、HWSD 世界土壤数据库、WPS 静态数据集等多源数据进行提取、处理和融合，构建了鄱阳湖流域的陆面水文模式 CLHMS 以及全国范围内的模式数据库。最后借助等效参数组、参数互相关系数矩阵和 Sobol 全局敏感性分析等方法全面考察了上述两个模式的参数不确定性，为模式后续在鄱阳湖流域的率定、验证和模拟奠定了基础。获得以下主要结论：

（1）鄱阳湖流域径流量年内分布不均，集中在 3—7 月。其中，赣江外洲站 3—7 月径流量占年径流量 74%，4—6 月占 48%；抚河李家渡站 3—7 月径流量占全年的 79%，4—6 月占全年的 54%；信江梅港站 3—7 月径流量占全年的 79%，4—6 月占全年的 53%；饶河虎山站 3—7 月径流量占全年的 83%，4—6 月占全年的 54%；修水万家埠站 3—7 月径流量占全年的 77%，4—6 月占全年的 47%。

（2）陆面水文双向耦合模式 CLHMS 中，LSX 负责计算产流、蒸散发和土壤深层渗漏并传递给分布式水文模型 HMS，HMS 负责计算地表水和地下水的侧向运动，并将地下水位信息反馈给 LSX，再利用非饱和土壤的达西定律更新土壤的深层渗漏量（即 LSX 与 HMS 之间的水分通量），实现 LSX 和 HMS 的双向耦合。

（3）CLHMS 的 6 个可调节参数中，地表糙率为敏感参数，河床水力传导系数为次敏感参数，深层含水层的饱和水力传导系数、孔隙率、厚度和凋萎系数为不敏感参数。该 4 个不敏感参数"异参同效"现象的直接原因是两两参数间的互相关系数较大，深层原因是其在模型中的物理作用相似，具有互相抵消或被敏感参数抵消的可能。

4.3 水库群参数化方案及耦合方法

随着人口的增长以及社会经济的快速发展，人类活动对水文循环的影响日益增强，传统的陆面水文耦合模式难以适应高强度开发地区水文水资源的理论和应用研究。本章侧重于人类活动中的水库部分，以鄱阳湖流域为研究区，在建立水库数据库的基础上，从水库蓄泄规则、库-河拓扑关系、多阻断二维扩散波汇流方法等三个方面开发水库群参数化方案，并从地表水、地下水、蒸散发（潜热通量）、感热通量、地表热通量等角度实现其与陆面水文模式 CLHMS 的完全耦合。最后，从水库蓄泄过程的模拟效果和 CLHMS 模式径流过程的模拟效果出发，验证所构建的水库群参数化方案及耦合模式的适用性。

4.3.1 鄱阳湖流域水库数据库构建

根据江西省第一次水利普查的结果[121]，鄱阳湖流域共有已建和在建水库 1 万余座，总库容约 320 亿 m³，其中大型水库 30 座，总库容 189.9 亿 m³，中型水库 200 余座，总库容约 60 亿 m³，小型水库 10000 余座，总库容约 60 亿 m³。

鄱阳湖流域已建和在建水库的总库容约占鄱阳湖水系总径流量的 21.8%。为刻画水库群对天然河流属性的扰动程度,定义库容指数(RI),等于流域水库总库容与流域多年平均径流量的比值。一般认为,RI<10% 为自然河流;10%<RI<50% 为半自然河流;50%<RI<100% 为半控制河流;当 RI>100% 时为完全控制河流[122]。由此可知,鄱阳湖流域总体属于半自然河流,水库群对自然水文循环的扰动不可忽视。

本节在直接收集流域大中型水库资料的基础上,通过遥感图像的水体识别和多元回归等方法来估算无资料小型水库的信息,并在此基础上进一步构建水库蓄水量—面积关系曲线,从而构建鄱阳湖流域的大中小型水库的数据库,为流域水库群参数化方案的构建提供数据支撑。

4.3.1.1　大中型水库

相对于小型水库,大中型水库的库容大、水域面积广、入渗水头高、调蓄能力强,对水循环的影响可能更加显著。本节在剔除在建水库的基础上,通过资料收集,得到鄱阳湖流域内 22 座大型水库和 215 座中型水库的详细资料,包括地理位置、库容、特征库容、多年平均径流量、调节性能、所属地区、所属水系、开工时间、竣工时间等。表 4.4 列出了鄱阳湖流域 22 座大型水库和 215 座中型水库的基本信息。

表 4.4　　　　　　　　　　　　鄱阳湖流域大中型水库基本概况

序号	水库	经度/(°)	纬度/(°)	库容/万 m³	年径流量/亿 m³	所属地区	水系
1	柘林水库	115.51	29.23	792000	80.60	九江市永修县	修水
2	万安水库	114.79	26.43	221400	310.52	吉安市万安县	赣江
3	洪门水库	116.73	27.5	121400	25.17	抚州市南城	抚河
4	江口水库	114.82	27.73	89000	34.40	新余市仙女湖区	赣江
5	上犹江水库	114.42	25.83	82200	25.00	赣州市上犹县	赣江
6	东津水库	114.34	28.97	79500	9.52	九江市修水县	修水
7	长冈水库	115.45	26.33	37000	7.95	赣州市兴国县	赣江
8	大坳水库	117.96	28.18	27570	5.50	上饶市上饶县	信江
9	七一水库	118.27	28.82	24890	3.97	上饶市玉山县	信江
10	军民水库	116.92	29.59	18940	1.47	上饶市鄱阳县	潼津河
11	上游水库	115.10	28.51	18300	1.29	宜春市高安市	赣江
12	社上水库	114.27	27.37	17070	4.66	吉安市安福县	赣江
13	南车水库	114.62	26.77	15318	4.32	吉安市泰和县	赣江
14	团结水库	116.1	26.88	14570	3.97	赣州市宁都县	赣江
15	共产主义水库	117.39	29.13	14370	1.55	景德镇市	饶河
16	龙潭水库	114.17	25.92	11560	1.76	赣州市上犹县	赣江
17	大塅水库	114.56	28.65	11460	6.56	宜春市铜鼓县	修水
18	白云山水库	115.33	26.8	11400	4.06	吉安市青原区	赣江
19	滨田水库	116.91	29.2	11150	0.75	上饶市鄱阳县	昌江
20	油罗口水库	114.31	25.38	11000	4.79	赣州市大余县	赣江
21	老营盘水库	115.14	26.59	10160	1.51	吉安市泰和县	赣江

续表

序号	水库	经度/(°)	纬度/(°)	库容/万 m³	年径流量/亿 m³	所属地区	水系
22	飞剑潭一坝	114.12	27.91	10060	0.77	宜春市袁州区	赣江
23	七星水库	118.33	28.17	9986	2.37	上饶市广丰县	信江
24	盘溪水库	114.98	29.16	9690	2.86	九江市武宁县	修河
25	观音山水库	116.25	27.17	8800	1.37	抚州市宜黄县	抚河
26	罗湾水库	115.13	28.99	7700	1.58	宜春市靖安县	潦河
27	高坊水库	116.85	27.94	6750	1.07	抚州市金溪县	信江
28	日东水库	116.21	26.03	6700	0.74	赣州市瑞金市	赣江
29	石壁坑水库	115.82	25.57	6030	0.44	赣州市石城县	赣江
30	云山水库	115.57	28.99	5934	1.44	九江市永修县	修河
31	双溪水库	117.7	28.85	5798	1.94	上饶市德兴市	饶河
32	枫渡水库	114.07	26.94	5700	0.78	吉安市永新县	赣江
33	潭湖水库	116.66	27.13	5680	0.46	抚州市南丰县	抚河
34	硬石岭水库	117.03	28.43	5335	0.37	鹰潭市贵溪市	信江
35	抱子石水库	114.63	29.1	5270	47.60	九江市修水县	修河
36	南河水库	114.47	26.05	5250	0.21	赣州市上犹县	赣江
37	段莘水库	118.01	29.48	5180	0.95	上饶市婺源县	饶河
38	黄金水库	115.74	27.9	5079	0.51	宜春市丰城市	赣江
39	黄云水库	114.35	24.65	4790	3.91	赣州市全南县	赣江
40	小湾水库	115.4	29.02	4770	3.37	宜春市靖安县	潦河
41	军潭水库	118.27	28.26	4724	5.17	上饶市广丰县	信江
42	大港水库	116.47	29.56	4716	0.41	九江市都昌县	响水河
43	溪霞水库	115.85	28.85	4710	0.69	南昌市新建县	赣江
44	湖塘水库	115.42	28.43	4700	0.91	九江市德安县	博阳河
45	三门坑水库	115.83	27.93	4685	0.20	宜春市丰城市	清丰山溪
46	幸福水库	116.61	28.27	4675	0.36	抚州市东乡县	抚河
47	龙源口水库	114.16	26.78	4515	0.53	吉安市永新县	赣江
48	店下水库	115.61	27.91	4515	0.49	宜春市樟树市	清丰山溪
49	木溪水库	116.8	28.66	4506	0.41	上饶市余干县	信江
50	螺滩水库	115.18	27	4410	17.00	吉安市青原区	赣江
51	茗洋关水库	117.73	28.58	4067	0.72	上饶市上饶县	信江
52	下南水库	116.34	27.38	3902	1.60	抚州市宜黄县	抚河
53	吴城水库	115.26	27.99	3844	0.27	宜春市樟树市	赣江
54	锦北水库	117.06	28.51	3840	0.27	鹰潭市余江县	信江
55	矿山水库	115.07	28.18	3839	0.27	宜春市高安市	赣江
56	窑里水库	115.69	27.71	3830	0.67	吉安市新干县	赣江

序号	水库	经度/(°)	纬度/(°)	库容/万 m³	年径流量/亿 m³	所属地区	水系
57	马街水库	116.83	27.92	3760	0.33	抚州市金溪县	信江
58	桃江水库	114.87	25.15	3710	31.85	赣州市信丰县	赣江
59	源口水库	115.16	29.2	3700	0.88	九江市武宁县	修河
60	下会坑水库	118.18	28.2	3505	1.43	上饶市上饶县	信江
61	王宅水库	118.1	28.69	3460	0.62	上饶市玉山县	信江
62	上游水库	116.37	27.71	3420	0.14	抚州市临川区	抚河
63	福华山水库	114.75	27.15	3377	0.38	吉安市吉安县	赣江
64	五渡港水库	114.77	25.25	3330	1.06	赣州市信丰县	赣江
65	铁炉水库	117.77	28.03	3283	1.44	上饶市铅山县	信江
66	灌湖水库	116.85	28.93	3277	0.32	上饶市鄱阳县	饶河
67	谷口水库	114.55	27.28	3265	0.84	吉安市安福县	赣江
68	方团水库	117.4	28.14	3090	0.98	上饶市弋阳县	信江
69	龙头寨水库	116.9	27.11	3030	0.75	抚州市黎川县	抚河
70	大港桥水库	117.14	28.64	2985	0.42	上饶市万年县	乐安河
71	龙山水库	116.08	26.01	2905	0.74	景德镇市昌江区	饶河
72	万宝水库	114.92	27.57	2878	0.19	吉安市峡江县	赣江
73	南港水库	114.85	28.07	2848	0.27	宜春市上高县	赣江
74	杨溪水库	116.38	26.63	2840	1.32	抚州市广昌县	抚河
75	关里水库	118.2	28.3	2836	0.35	上饶市广丰县	信江
76	横山水库	116.68	28.33	2813	0.20	抚州市东乡县	信江
77	银湾桥水库	114.84	27.24	2760	0.29	吉安市吉安县	赣江
78	港河水库	115.99	27.88	2748	0.40	抚州市崇仁县	抚河
79	双山水库	114.9	27.47	2674	0.40	吉安市吉水县	赣江
80	蔡坊水库	115.46	25.29	2654	1.14	赣州市安远县	赣江
81	三十把水库	114.51	28.31	2653	2.20	宜春市万载县	赣江
82	五湖水库	116.96	28.22	2646	0.18	新余市分宜县	赣江
83	枫林湾水库	117.25	28.53	2631	0.19	鹰潭市贵溪市	信江
84	郭家滩水库	114.42	29.04	2620	23.18	九江市修水县	修河
85	芦围水库	115.99	28.07	2512	0.15	宜春市丰城市	清丰山溪
86	水栏关水库	115.14	28.83	2500	0.56	宜春市奉新县	修河
87	麻源水库	116.58	27.56	2487	0.37	抚州市南城县	抚河
88	徐坊水库	116.48	27.34	2471	0.19	抚州市南城县	抚河
89	蕉源水库	114.88	26.48	2471	0.85	吉安市万安县	赣江
90	燎源水库	116.91	27.24	2433	0.89	抚州市黎川县	抚河
91	龙兴水库	114.52	24.7	2400	0.90	赣州市全南县	赣江

序号	水库	经度/(°)	纬度/(°)	库容/万 m³	年径流量/亿 m³	所属地区	水系
92	走马垅水库	114.72	25.37	2370	0.73	赣州市信丰县	赣江
93	严罗胜水库	115.13	28.15	2350	0.16	宜春市高安市	赣江
94	中坊水库	116.35	26.83	2340	1.27	抚州市广昌县	抚河
95	青桐水库	116.27	26.87	2330	0.97	抚州市广昌县	抚河
96	竹坑水库	115.97	26.5	2305	0.55	赣州市宁都县	赣江
97	缝岭水库	115.01	26.58	2261	0.37	吉安市泰和县	赣江
98	玉田水库	117.37	29.35	2260	0.22	景德镇市乐平市	饶河
99	蜈蚣山水库	116.86	29.03	2249	0.26	上饶市鄱阳县	饶河
100	添锦潭水库	114.2	25.37	2240	4.07	赣州市大余县	赣江
101	柴角湾水库	117.42	28.55	2227	0.23	上饶市弋阳县	信江
102	跃进水库	116.51	27.73	2225	0.20	抚州市临川区	抚河
103	钟昌水库	118.03	29.32	2155	0.44	上饶市婺源县	饶河
104	金桥水库	116.06	28	2140	0.28	宜春市丰城市	清丰山溪
105	白水门水库	115.42	27.58	2134	0.23	吉安市永丰县	赣江
106	返步桥水库	115.83	27	2120	0.89	吉安市永丰县	赣江
107	上阳水库	115.64	27.96	2070	0.18	宜春市樟树市	清丰山溪
108	下溪水库	115.71	26.93	2049	0.42	吉安市永丰县	赣江
109	幸福水库	115.35	27.5	2045	0.30	吉安市峡江县	赣江
110	井冈冲水库	114.15	26.53	1990	0.81	吉安市井冈山市	赣江
111	樟树岭水库	115.2	28.61	1990	0.24	宜春市高安市	修河
112	碧山水库	115.35	28.52	1979	0.25	宜春市高安市	赣江
113	安村水库	114.15	26.06	1965	1.50	吉安市遂川县	赣江
114	大源河水库	117.01	29.5	1961	0.57	上饶市鄱阳县	童津河
115	山田水库	117.07	29.26	1955	1.46	景德镇市浮梁县	饶河
116	张家山水库	116.9	28.63	1945	0.18	上饶市万年县	信江
117	秧塘水库	116.5	28.33	1934	0.57	南昌市进贤县	军山湖
118	丰产水库	114.95	28.44	1923	0.49	宜春市宜丰县	赣江
119	仙人陂水库	115.3	26.38	1915	26.40	赣州市上犹县	赣江
120	大山水库	116.77	28.39	1909	0.41	上饶市余干县	信江
121	芦源水库	114.96	26.51	1908	0.44	吉安市万安县	赣江
122	江口水库	114.81	27.41	1900	0.36	吉安市吉安县	赣江
123	幸福水库	115.38	29.47	1874	0.36	九江市瑞昌市	博阳河
124	神岭水库	116.67	28.59	1867	0.53	上饶市余干县	信江
125	里睦水库	114.46	27.65	1812	0.20	宜春市袁州区	赣江
126	马岗水库	115.06	28.07	1797	0.24	宜春市上高县	赣江

序号	水库	经度/(°)	纬度/(°)	库容/万 m³	年径流量/亿 m³	所属地区	水系
127	岩头陂水库	114.32	27.35	1767	4.42	吉安市安福县	赣江
128	垅涧里水库	114.45	25.5	1760	0.52	赣州市大余县	赣江
129	狮子口水库	114.96	27.88	1750	0.09	新余市上高县	赣江
130	黄泥埠水库	115.45	27.65	1728	0.16	吉安市新干县	赣江
131	老埠水库	115.88	26.5	1715	0.29	赣州市于都县	赣江
132	高虎脑水库	115.75	26.98	1700	0.18	吉安市永丰县	赣江
133	长龙水库	115.27	26.47	1700	1.09	赣州市兴国县	赣江
134	大丰水库	114.59	28.34	1684	0.29	宜春市宜丰县	赣江
135	柘田水库	114.4	27.24	1682	0.60	吉安市安福县	赣江
136	清华水库	117.74	29.43	1672	2.16	上饶市婺源县	饶河
137	彰湖水库	114.72	28.03	1658	0.13	新余市渝水区	赣江
138	攸洛水库	115.85	27.92	1651	0.21	宜春市丰城市	清丰山溪
139	大口坞水库	117.33	29.03	1650	0.11	景德镇市乐平市	饶河
140	光华水库	114.78	28.32	1632	0.16	宜春市宜丰县	赣江
141	幸福水库	115.7	28.67	1630	0.16	南昌市新建县	赣江
142	官溪水库	114.92	27.19	1600	0.16	吉安市吉州区	赣江
143	罗边水库	114.55	25.77	1590	26.71	赣州市上犹县	赣江
144	洞塘水库	115.56	27.93	1580	0.16	宜春市樟树市	清丰山溪
145	白庙水库	117.12	28.09	1580	0.62	鹰潭市余江县	信江
146	马头水库	115.86	29.45	1566	0.36	九江市九江县	博阳河
147	庙前水库	115.28	28.01	1562	0.15	宜春市樟树市	赣江
148	禾山水库	114.11	27.11	1552	0.20	吉安市永新县	赣江
149	丰源水库	114.24	27.15	1540	0.17	吉安市永新县	赣江
150	西坑水库	114.64	27.87	1538	0.18	新余市分宜县	赣江
151	蒙山水库	114.89	28.09	1533	0.15	宜春市上高县	赣江
152	黄庄水库	116.93	28.49	1518	0.10	鹰潭市余江县	信江
153	车么岭水库	116.47	27.23	1515	0.55	抚州市南丰县	抚河
154	双峰水库	114.66	28.43	1513	0.45	宜春市宜丰县	赣江
155	林泉水库	115.71	29.47	1502	0.15	九江市德安县	博阳河
156	灵潭水库	114.5	26.05	1480	1.73	赣州市瑞金市	赣江
157	香坪水库	115.04	28.79	1475	0.29	宜春市奉新县	修河
158	樟坑水库	114.63	27.1	1462	0.30	吉安市吉安县	赣江
159	水碓李水库	117.35	28.31	1450	0.22	上饶市弋阳县	信江
160	岩岭水库	116.54	26.43	1440	27.56	赣州市南康市	赣江
161	芦源水库	114.67	26.78	1430	0.20	吉安市泰和县	赣江

序号	水库	经度/(°)	纬度/(°)	库容/万 m³	年径流量/亿 m³	所属地区	水系
162	大塘坞水库	117.54	29.32	1402	0.11	上饶市婺源县	饶河
163	石牛滩水库	114.78	28.03	1387	0.17	新余市分宜县	赣江
164	勤俭水库	117.18	28.81	1386	0.12	景德镇市乐平市	饶河
165	龙井水库	115.17	25.32	1385	1.26	赣州市信丰县	赣江
166	东方红水库	117.38	28.99	1381	0.14	景德镇市乐平市	饶河
167	三兴水库	114.47	28.26	1380	0.23	宜春市万载县	赣江
168	洪湖水库	116.91	28.2	1380	0.35	鹰潭市余江县	信江
169	金盘水库	115.12	26.07	1360	0.25	赣州市赣县	赣江
170	曾家桥水库	115.12	28.36	1351	0.15	宜春市高安市	赣江
171	梅林水库	116.03	28.1	1340	0.12	宜春市丰城市	清丰山溪
172	峡口水库	118.15	28.72	1340	4.51	上饶市玉山县	信江
173	星江水库	117.84	29.18	1326	22.72	上饶市婺源县	饶河
174	塘湾水库	117.21	28.04	1321	0.27	鹰潭市贵溪市	信江
175	长河坝水库	114.27	25.6	1315	0.42	赣州市崇义县	赣江
176	芳里水库	115.04	28.5	1309	0.13	宜春市宜丰县	赣江
177	张岭水库	116.42	29.52	1302	0.14	九江市都昌县	新妙湖
178	碓头岭水库	117.48	28.51	1297	0.16	上饶市弋阳县	信江
179	朱坊水库	115.58	28.53	1290	0.11	南昌市新建县	赣江
180	梦山水库	115.65	28.65	1286	0.16	南昌市新建县	赣江
181	钟陵水库	116.53	28.42	1268	0.12	南昌市进贤县	甘溪水
182	牛鼻垅水库	114.17	25.73	1250	11.61	赣州市崇义县	赣江
183	北槎垅水库	116.76	29.53	1250	0.11	上饶市鄱阳县	西河
184	跃进水库	114.47	25.55	1248	0.52	赣州市大余县	赣江
185	飞剑潭二坝	114.13	27.88	1236	0.20	宜春市袁州区	赣江
186	红旗水库	114.54	29.12	1231	0.09	九江市修水县	修河
187	横山水库	115.23	27.38	1225	0.21	吉安市吉水县	赣江
188	里湖水库	116.79	28.87	1220	0.11	上饶市鄱阳县	饶河
189	枫珠湖水库	116.5	28.65	1210	0.19	上饶市余干县	信江
190	鹄山水库	115.15	27.74	1203	0.13	新余市渝水区	赣江
191	肖峰水库	115.67	28.67	1195	0.11	南昌市新建县	赣江
192	大禾源水库	117.2	28.57	1192	0.07	鹰潭市贵溪市	信江
193	上迳水库	115.13	25.22	1185	0.27	赣州市信丰县	赣江
194	石路水库	116.15	27.86	1183	0.14	抚州市崇仁县	抚河
195	洞口水库	115.24	26.76	1180	0.06	吉安市泰和县	赣江
196	白云山二级	115.27	26.81	1180	4.06	吉安市青原区	赣江

序号	水库	经度/(°)	纬度/(°)	库容/万 m³	年径流量/亿 m³	所属地区	水系
197	楼梯蹬水库	113.88	27.07	1180	0.45	鹰潭市贵溪市	信江
198	酌江水库	114.37	27.98	1172	0.15	宜春市袁州区	赣江
199	群英水库	116.91	28.81	1171	0.30	上饶市万年县	乐安河
200	东元水库	115.95	27.31	1170	0.18	抚州市乐安县	赣江
201	潭口水库	114.26	28.25	1170	0.52	宜春市万载县	赣江
202	下栏水库	115.55	26.17	1170	17.47	赣州市于都县	赣江
203	蛮桥水库	116.7	28.16	1165	0.98	抚州市东乡县	信江
204	白兰水库	115.2	25.25	1161	0.24	赣州市信丰县	赣江
205	田南水库	115.47	27.7	1160	0.18	吉安市新干县	赣江
206	枫溪水库	115.83	27.93	1160	0.17	宜春市丰城市	清丰山溪
207	双河口水库	117.75	28.85	1150	0.55	上饶市德兴市	饶河
208	太山水库	115.32	27.45	1145	0.15	吉安市吉水县	赣江
209	莲花塘水库	115.38	28.27	1135	0.13	宜春市高安市	赣江
210	观桥水库	115.59	28.27	1132	0.11	宜春市丰城市	赣江
211	太平畈水库	117.28	28.47	1132	0.22	鹰潭市贵溪市	信江
212	沙江水库	114.56	28.02	1131	0.10	宜春市袁州区	赣江
213	洞口水库	114.23	26.88	1125	0.11	吉安市永新县	赣江
214	长垅水库	116.51	29.32	1125	0.13	九江市都昌县	平池湖
215	观音塘水库	115.87	29.42	1122	0.25	九江市星子县	博阳河
216	石咀水库	114.77	28.92	1116	0.15	九江市修水县	修河
217	虎毛山水库	116.07	27.7	1115	0.17	抚州市崇仁县	抚河
218	前进水库	116.54	27.81	1104	0.11	抚州市临川区	抚河
219	黄源水库	117.63	28.54	1098	0.21	上饶市横峰县	信江
220	罗浮水库	114.21	26.66	1086	0.56	吉安市井冈山市	赣江
221	渔翁埠水库	114.54	24.72	1085	1.43	赣州市全南县	赣江
222	江南水库	114.47	28.03	1084	0.16	宜春市上高县	赣江
223	石溪水库	114.21	27.69	1080	0.12	宜春市袁州区	赣江
224	繁荣水库	114.28	27.16	1080	0.20	吉安市永新县	赣江
225	灵坑水库	113.9	26.72	1076	0.24	吉安市井冈山市	赣江
226	板坑水库	114.83	28.45	1067	0.14	宜春市宜丰县	赣江
227	三八水库	115.45	28.27	1056	0.13	宜春市高安市	赣江
228	山坑水库	115.83	27.18	1056	0.28	抚州市乐安县	赣江
229	丰产水库	117.54	28.27	1056	0.20	上饶市铅山县	信江
230	斗上水库	114.4	26.99	1055	0.17	吉安市永新县	赣江
231	岩底水库	118.06	28.61	1054	0.15	上饶市信州区	信江

序号	水库	经度/(°)	纬度/(°)	库容/万 m³	年径流量/亿 m³	所属地区	水系
232	上潭水库	117.98	28.33	1050	1.73	上饶市上饶县	信江
233	姚源水库	117.69	28.47	1036	0.14	上饶市横峰县	信江
234	锦江水库	114.41	28.24	1023	0.40	宜春市万载县	赣江
235	何坊水库	116.65	28.23	1023	0.14	抚州市东乡县	抚河
236	中村水库	114.75	25.43	1015	0.21	赣州市信丰县	赣江
237	石马水库	115.32	28.85	1005	0.10	宜春市靖安县	潦河
总　　计				2155799	915.3		

4.3.1.2　小型水库

虽然鄱阳湖流域单个小型水库的库容较小，辐射范围有限，然而流域小型水库数目多、分布广，其累积效应也不可忽视。与大中型水库不同，在区域尺度的研究中，小型水库的资料往往较难获取。本节收集了流域 177 座小（1）型水库的位置和库容信息，缺乏其余小型水库的位置、库容等资料。

针对小型水库资料缺失的问题，研究采用遥感图像提取水体面积，利用 DEM 提取流域高程标准差栅格数据，建立水体面积-高程标准差-水库库容的多元回归关系，从而帮助确定鄱阳湖流域小型水库的地理位置和库容等基本信息，建立了鄱阳湖流域小型水库数据库，为流域小型水库群累积效应的模拟提供了数据基础。

1. 基于遥感图像的水体面积提取

据研究，水体的反射率在 Landset - 8 OLI 影像的绿光波段（$b3$）和红光波段（$b4$）上，与山体阴影、滩涂区别显著，而与建筑物、植被区别不明显；在近红外波段（$b5$）和短波红外波段（$b6$）上，水体的反射率显著降低，与土壤、植被、建筑物等有明显区别。利用这种反射特性，选择一定的波段组合方式，设置一定阈值，可以有效地将水体和其他地物区分，即基于阈值的多波段谱间关系法[123]。

选取鄱阳湖流域 Landset - 8 OLI 影像 2017 年 6 月汛期的遥感影像，空间分辨率为30m，利用基于阈值的多波段谱间关系法对遥感图像中较大且完整的水体面积进行提取。具体地，选取一定的阈值 T，满足以下波段间相关关系的，即为水体。

$$(b3+b4)-(b5+b6)>T \tag{4.8}$$

式中：$b3$、$b4$、$b5$、$b6$ 分别为波段 3、4、5、6 的灰度值；T 为通过实验选取的阈值，通过比较实验和以往经验，取 T 值为 400。研究表明[124]，该方法的提取效果较好，尤其适用于鄱阳湖流域等地形总体上有一定起伏的地区。图 4.17 展示了某水体的 $b3$、$b4$、$b5$、$b6$ 波段图像以及多波段谱间关系法的计算结果。

在遥感影像识别水体的基础上，选择轮廓清晰、面积相对较大的水体，记录其地理位置坐标，利用 Google Earth 人工目视判断所识别的该地理位置处的水体是否为水库，主要依据为是否存在大坝、溢洪道等。最终，一共识别出 1059 座小型水库，其中包括所有177 座已知位置和库容的小型水库。标定所有识别出的水库的经纬度坐标，同时将水体面积矢量化，得到水库水体面积的信息。

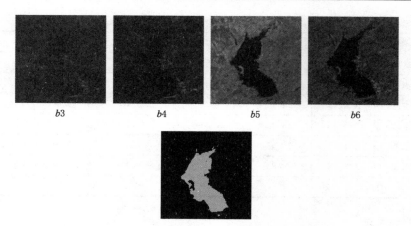

由多波段谱间关系法得到的水体图像

图 4.17 某水体的 $b3$、$b4$、$b5$、$b6$ 波段图像及由多波段谱间关系法得到的水体图像

2. 小型水库库容多元回归关系构建

在提取水库水面面积的基础上，从航天飞机雷达地形测绘任务的数字高程模型（STRM DEM）中提取流域范围的高程标准差数据矩阵，将水库位置叠加至该矩阵上，即可获得获取 1059 座水库库址处的高程标准差。为进一步估算小型水库的库容，做出如下两个假设：

（1）由于遥感图像为汛期获取，假设所有水库均接近蓄满，水库蓄满率相似。

（2）由于高程标准差反映了水库库址处的地形崎岖程度，假设同等水面面积情况下，高程标准差与库容之间存在正相关关系。

针对 177 座库容已知的水库，利用前述获得的水面面积和高程标准差，建立该 177 座水库的库容-水面面积-地形标准差多元回归关系，拟合结果如图 4.18 所示，拟合方程为

$$\hat{z} = 0.57 x^{0.45} y^{0.82} \tag{4.9}$$

式中：$\hat{z}$ 为库容拟合值，10^6m^3；x 为地形标准差，m；y 为水面面积，10^5m^2。该拟合方程的拟合优度 $R^2 = 0.80$，表明在库容的总变差中，有 80% 可以被水面面积和高程标准差的回归方程所解释，因此认为该拟合方程代表性较好。

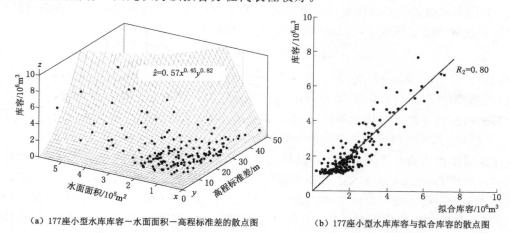

（a）177 座小型水库库容－水面面积－高程标准差的散点图　（b）177 座小型水库库容与拟合库容的散点图

图 4.18　177 座小型水库的库容-水面面积-高程标准差多元回归关系（$R^2 = 0.8$）

为了量化水库库容拟合值的不确定性，对 177 个小型水库的拟合库容和真实库容之间的相对误差采用 Kolmogorov – Smirnov 检验[125]。结果表明，拟合库容和真实库容之间的相对误差服从置信度为 95% 的正态分布，其平均值为 1.0%，标准差为 33.2%（表 4.5）。由于相对误差的样本数目较大（$N=177$），可认为该样本的分布与总体分布相同，即所有 1059 座小型水库根据拟合方程估算得到的库容与其真是库容之间的相对误差亦呈正态分布。

表 4.5 177 个小型水库拟合库容相对误差的 K – S 检验结果

样本大小 N		177
正态分布参数	平均值	1.0%
	标准差	33.2%
最大偏差	绝对值	0.078
	正值	0.078
	负值	−0.062
Kolmogorov – Smirnov Z		1.042
Asymptotic Significance P		0.228

表 4.6 正态分布置信区间计算结果

样本大小 N	177	置信区间	1.0%±65.1%
置信水平	0.95	置信上限	66.1%
$u_{\alpha/2}$	1.96	置信下限	−64.1%

计算得到相对误差的均值为 1.0%，表明从样本总体而言估计得到的总库容与实际相差不大。相对误差的 95% 置信区间为 −64.1%～66.1%（表 4.6），表明在单个水库上可能存在一定误差。根据以上结果，由多元回归关系估算得到的小型水库库容的 95% 置信区间可以写作：

$$[z-0.641z, z+0.661z] \tag{4.10}$$

其中，

$$z=0.57\,x^{0.45}y^{0.82} \tag{4.11}$$

式中符号同式（4.9）。

针对 1059 座小型水库中其余 937 座无资料的小型水库，将遥感得到的水面面积和数字高程模型中提取的地形标准差代入多元回归关系式（4.9），即可估算得到每个水库的库容。由前述不确定性分析可知，所估算库容相对误差的 95% 置信区间在 ±60% 左右。虽然该方法估算得到的单个水库库容值的不确定性相对较大，但为鄱阳湖流域无资料水库的建模提供了重要的数据来源。研究中按上述方法估计得到 1059 座小型水库的总库容约 40 亿 m³。

4.3.1.3 水库蓄水量-水面面积关系曲线

水库蓄水量-水面面积曲线可用于计算水库渗漏、蒸发、表面降水等。在区域尺度研究中，该关系曲线不易获得，因此往往采用经验曲线作为代替。其中较为常用的经验水库蓄水量-水面面积曲线为倒三棱锥体积公式[126-127]，即

$$\frac{\mathrm{d}V}{\mathrm{d}h}=ah^2 \tag{4.12}$$

对上式积分，可写作三棱锥底面积与体积的函数关系：

$$V=\frac{1}{3a^{0.5}}A^{1.5} \tag{4.13}$$

或三棱锥高与体积的函数关系：

$$V=\frac{a}{3}h^3 \tag{4.14}$$

以上三式中：V 为三棱锥体积，可看作水库蓄水量；A 为三棱锥底面积，可看作水库水面面积；h 为三棱锥的高，可看作水库水位；a 为形状参数。

因此，鄱阳湖流域的水库蓄水量-水面面积关系可由式（4.13）表示，其中形状参数 a 可由 4.3.1.2 节构建的库容-水面面积关系式（4.11）求得，即将水面面积和估算的库容代入关系曲线求得唯一 a 值。

4.3.2　水库蓄泄规则模拟方法构建

4.3.2.1　水库蓄泄数据

洪门水库位于江西省抚河支流黎滩河中游，下游距南城县洪门镇 2km，库容约 12.1 亿 m³，是抚河流域唯一一座大（1）型水库。工程任务以发电为主，兼有防洪、灌溉和养殖等综合利用效益。本章收集了 2001—2014 年洪门水库的日尺度入流、出流、蓄水量序列。

团结水库地处江西省宁都县梅江上游，库容约 1.4 亿 m³，控制流域面积 412km²，属大（2）型水库，水库功能以防洪、灌溉为主，兼顾发电、养殖等综合效益。本章收集了 2009—2016 年团结水库的日尺度入流、出流、蓄水量序列。

4.3.2.2　水库水量平衡方程

为了构建水库蓄泄规则，首先需要建立水库水量平衡方程：

$$V_t=V_{t-1}+\Delta t(I_t-Q_t+A_tP-A_tE-A_tS) \tag{4.15}$$

式中：V_{t-1} 和 V_t 分别为 $t-1$ 和 t 时刻水库的蓄水量；Δt 为时间步长；I_t 和 Q_t 分别为水库入流量和出流量；A_t 为 t 时刻水库的水面面积，采用 4.3.1.3 节构建的蓄水量-面积经验关系计算；E 为水库水面蒸发；P 为水库面积上的降水量；S 为水库渗漏量。

4.3.2.3　基于人工神经网络的数据驱动型水库蓄泄规则

1. BP 神经网络

人工神经网络（Artificial Neural Network，ANN）是通过仿真和模拟生物的神经系统而获得非线性处理能力的一种模型，由大量的处理单元或"神经元"按照一定的拓扑结构连接而成。它能通过对各神经元节点的数学运算进行叠加而获得复杂的非线性映射能力。其中，误差反向传播算法（Back Propagation，BP）[128]是人工神经网络广泛使用的学习算法，在函数逼近领域具有较好地映射效果。它具有自我学习和存储的能力，通过误差的反向传播来不断对自身进行调整，减少输出值的误差，从而使网络就具有将输入映射到输出的能力，而不需要知道输入输出之间精确的数学表达式。

BP 人工神经网络通常由输入层、隐含层和输出层构成。输入层负责接收外界的输入，并向隐含层传递信息；隐含层负责对信息进行处理和交换，根据信息变化能力的需求，可以设计为单隐层或者多隐层结构；输出层是输出信息的处理结果。BP 神经网络的每一层都含有若干神经元（节点）。通常，输入层神经元的个数与输入数据的维数相同，输出层神经元的个数与输出数据的维数相同，隐含层神经元个数与没有绝对的限制，可由设计者根据自身需求来设定。

神经网络的神经元代表对输入信息进行的一种数学运算，可以由下式来表示：

$$Y = f(\vec{W}\vec{X}' + b) \tag{4.16}$$

式中：Y 为输出标量；$\vec{X}$ 为输入向量；$\vec{W}$ 为权向量；b 为阈值；f 为传递函数，又称激励函数，通常是一个非线性函数，通常包括阶跃函数、准线性函数、双曲正切函数、Sigmoid 函数等。

BP 神经网络算法本质是信息的正向传播，误差反向传播。输入的信息实行单向传递，依次经过输入层、隐含层和输出层的神经元。信息传到输出层之后，输出的结果如果和期望的结果相符，该网络学习过程就此结束；如果输出的结果和期望的结果不相符，则进入误差的反向传播阶段。误差通过输出层，按误差梯度下降的方式修正各层权值，向隐含层、输入层逐层反传。周而复始的信息正向传播和误差反向传播过程，是各层权值不断迭代调整的过程，也是神经网络学习训练的过程，此过程一直进行到网络输出的误差减少到可以接受的程度，或者预先设定的学习次数为止。

2. 水库蓄泄规则的 BP 神经网络构建

通过 BP 神经网络实现水库蓄泄规则的模拟，可以认为是对水库出流量的模拟，因此神经网络唯一的输出变量为水库当前时段的出流量 Q。对于输入变量，由于水库任意时刻的出流通常与入流、蓄水量及之前的出流量密切相关，因此将当前入流 I、蓄水量 V 和以前时段的出流量 Q 作为三个输入变量。水库在不同的时节往往有不同的调度任务，如水库在枯水季的主要目标多为供水，汛期则多为防洪，可以认为时间（月份）亦是影响水库调蓄的重要因素之一。因此，将月份 M 作为第四个输入变量，用于代表水库调度目标随时间的阶段性变化。因此，水库第 t 天的出流量 Q_t 与各输入变量存在如下关系：

$$Q_t = f(I_t, I_{t-1}, \cdots, I_{t-a}, V_t, V_{t-1}, \cdots, V_{t-a}, Q_{t-1}, \cdots, Q_{t-b}, M_t, M_{t-1}, \cdots, M_{t-b}) \tag{4.17}$$

式中：a 和 b 为降水和蒸发的有效影响阶数；f 为非线性映射，是一种隐式函数，取决于神经网络的结构和各层神经元之间的连接权重，它能够反映系统复杂、高度非线性的关系。

为确定各输入变量的有效影响阶数，分别对水库入流量序列与出流量序列的互相关函数、水库蓄水量序列与出流量序列的互相关函数、水库出流量的自相关序列、月份序列与出流量序列的互相关函数进行计算，结果如图 4.19～图 4.22 所示。

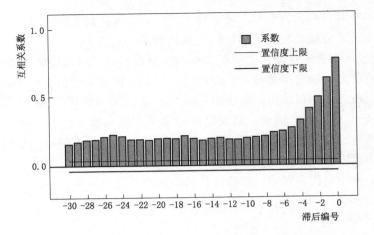

图 4.19　洪门水库和团结水库入流量与出流量的互相关图

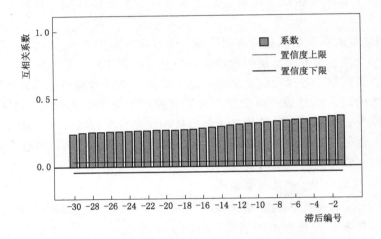

图 4.20　洪门水库和团结水库蓄水量和出流量的互相关图

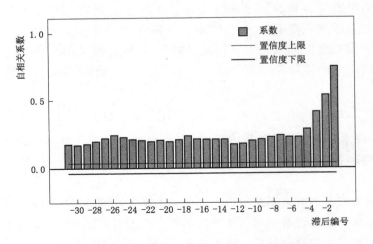

图 4.21　洪门水库和团结水库出流量的自相关图

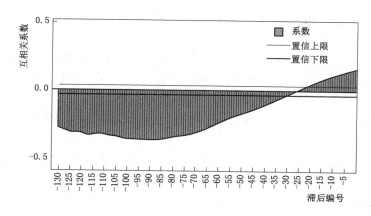

图 4.22 洪门水库和团结水库月份和出流量的互相关图

由图 4.19~图 4.22 可知，滞后天数为 0 时，入流序列和出流序列的互相关系数较大，表明上述即时入流序列和出流序列的相关性较好，可以用第 $t-0$ 天的入流来预测第 t 天的出流量。当滞后天数为 -1 时，蓄水量序列和出流序列的互相关系数相对最大，因此可以用第 $t-1$ 天的蓄水量来预测第 t 天的出流量。当滞后天数为 -1 时，出流序列的自相关系数较大，表明可以用第 $t-1$ 天的出流量来预测第 t 天的出流量。当滞后天数约为 -90 时，月份序列和出流序列的互相关系数较大，表明此时月份序列和出流序列的相关性较好，可以用第 $t-90$ 天（即 3 个月）的月份来预测第 t 天的出流量。综上，BP 神经网络的预测输入变量确定为 I_t，V_{t-1}，M_{t-90}。

神经网络的参数包括神经网络层数、输入层及输出层神经元数目、隐含层神经元数目、激励函数、学习速率、初始权值、性能函数、训练算法和目标允许误差等。这些参数的选取方式如下所述：

（1）神经网络层数。经实验，选取由 1 个输入层，2 个隐含层和 1 个输出层构成的 BP 神经网络建立模型。

（2）输入层及输出层神经元数目。BP 神经网络输入层及输出层的神经元数与输入变量和输出变量个数相同，即分别为 5 个和 1 个。

（3）隐含层神经元数目。根据研究[128]，贝叶斯正则化能够自适应地将多余的权值衰减至接近 0 的值，因此可以设置隐含层神经元数稍大一些。本建模研究中将第一隐含层神经元数目设置为输入节点的两倍，即 10 个，第二隐含层神经元数目设置为输入节点数目，即 5 个。

（4）激励函数。隐含层的激励函数均设置为 Sigmoid 函数。Sigmoid 函数可将一个实数映射到（0，1）的区间，其公式如式（4.18）所示：

$$S(x)=\frac{1}{1+e^{-x}} \tag{4.18}$$

式中：x 为输入变量。

（5）学习速率。当训练误差不变时，选取较大的学习速率可减少训练次数，但无法保证绝对收敛；而较小的学习速率虽然训练次数增加且收敛较慢，但能使网络的误差值趋于最小。因此，为保证收敛的稳定则选取较小的学习速率，采用学习速率推荐值的下限 0.01。

（6）初始权值。不同的网络初始权值直接决定了 BP 神经网络收敛于哪个局部极小点或是全局极小点，初始权值过大会使神经网络的调节过程趋于停滞。因此，神经网络的初始权值选取一组 ［－1，1］ 之间均匀分布的较小的随机数。

（7）性能函数。选取均方误差函数（MSE）为神经网络的训练性能函数。

（8）训练算法。选取贝叶斯正则化算法（Bayesian Regularization）对网络进行训练。贝叶斯正则化的原理是，通过限制网络权值的规模来提高神经网络的推广能力，并利用贝叶斯方法对正则参数进行估计。该算法的主要优点是：正则化项系数只需通过训练集在训练过程中就能确定，而无需独立的验证集；同时，能够利用参数的先验信息，提高神经网络的泛化能力，在样本量有限的情况下也能使网络具有较好的泛化能力。

（9）目标允许误差。在网络的训练过程中，若目标允许误差过大，易导致性能函数提前收敛，训练精度较低；反之，训练时间偏长且容易引起过拟合。经实验，最终选取目标允许误差为 0.001。

基于上述步骤，建立了以水库入流、蓄水量和当前月份为输入变量，水库出流为输出变量的 BP 神经网络模型，其概化结构如图 4.23 所示。

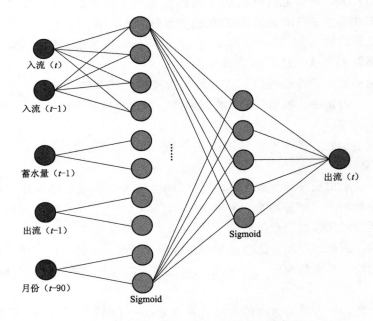

图 4.23　水库蓄泄规则的 BP 神经网络结构

3. 水库蓄泄规则模拟流程

基于上述构建的 BP 神经网络，采用如下伪代码模块对任意时刻的水库出流进行模拟。

♯输入变量初始值

Input I_0，I_1，V_0，Q_0

```
#时间循环
    for t=1：nt
        Q_t=NET(I_t，I_{t-1}，V_{t-1}，Q_{t-1}，M_{t-90})
        V_t=V_{t-1}+Δt·(I_t-Q_t)
#蓄水量约束
    if(V_t<V_d)
        V_t=V_d
        Q_t=I_t+Δt·(V_{t-1}-V_t)
    elseif(V_t>V_m)
        V_t=V_m
        Q_t=I_t+Δt·(V_{t-1}-V_t)
    end
end
```

式中：I_0（I_1）、V_0、Q_0 分别为水库入流量、蓄水量、出流量和月份的初始值；nt 为计算时段数；NET 为所构建的 BP 人工神经网络；Δt 为时间步长；Q_t、V_t 分别为当前时段输出的水库出流量和蓄水量；V_d、V_m 分别为死库容和总库容。

4.3.2.4 基于特征水位的概念性水库蓄泄规则

目前，虽然水库（群）多目标优化理论和方法已经取得了长足发展，我国水库的调度方式仍以常规调度为主，水库的蓄放水与需水量和当前水位与各特征水位的相对位置密切相关。水库特征水位一般指为了使水库适应不同时期不同任务和不同水文情势，需控制达到或允许消落的水库水位，例如死水位、兴利水位、防洪高水位等。与之对应的称作特征库容，如死库容、兴利库容、防洪库容等。

1. 概念性水库蓄泄规则构建

根据大中型水库水文效应突出、资料相对完备的特点，依据死水位、正常蓄水位或防洪限制水位（取决于汛期或枯期）、防洪高水位等三个特征水位将大中型水库库容简要概化成四个部分（图 4.24）。当大中型水库水位越过某一特征水位时，提出了不同的水库蓄泄规则。具体地，t 时刻水库出流量Q_t通过以下表达式确定：

$$Q_t=\begin{cases} 0 & (V_t \leqslant V_d) \\ r\,U_t & (V_d<V_t \leqslant V_c) \\ \max\left[r\,U_t, Q_{dmax}\left(\dfrac{V_t-V_c}{V_f-V_c}\right)^k\right] & (V_c<V_t \leqslant V_f) \\ \max\left(Q_{dmax}, \dfrac{V_t-V_f}{\Delta t}\right) & (V_t>V_f) \end{cases} \qquad (4.19)$$

式中：V_t为 t 时刻水库蓄水量；V_d、V_c、V_f分别为死水位、正常蓄水位（或防洪限制水位）、防洪高水位所对应的库容（图 4.24）；U_t为 t 时刻人类需水量；r 为修正系数；Δt 为时段长；Q_{dmax}表征下游的安全泄量；k 为不大于 1 的指标，表征洪水的严重程度，等于Q_{dmax}与 t 时刻水库入流量的比值。该式可解释如下：

（1）当水库蓄水量小于或等于V_d时，出流量为 0。

（2）当蓄水量大于V_d且小于或等于V_c时，出流量按需水量及修正值计算，体现水库的兴利作用；其中V_c在汛期对应防洪限制水位，在枯期对应正常蓄水位。

（3）当蓄水量大于V_c且小于或等于V_f时，出流随着蓄水量和入流的增大而增大，且不大于Q_{dmax}，体现水库的削洪作用。

（4）当蓄水量大于V_f时，为保护大坝自身安全，超过V_f的水量全部泄流。

（5）由于本书研究中缺少不同时段库水位约束、下泄流量约束和设计洪水（位）的相关资料，因此当前规则中暂未考虑水库下泄能力、设计洪水位及相应控泄流量等要素。若该资料可以获得，可在上述规则中进一步添加水位约束、下泄能力约束等，或仿照防洪高水位扩展设计洪水位部分，完善水库蓄泄规则。

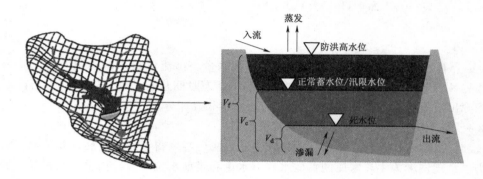

图 4.24　大中型水库概化

根据小型水库防洪库容相对较小、资料不完备的特点，忽略小型水库的防洪效益，依据死水位、兴利水位两个特征水位将小型水库库容简要概化成三个部分（图 4.25）。当小型水库水位越过某一特征水位时，提出了不同的水库蓄泄规则。具体地，t 时刻水库出流量Q_t可以通过以下公式确定：

$$Q_t = \begin{cases} 0 & (V_t \leqslant V_d) \\ rU_t & (V_d < V_t \leqslant V_c) \\ \max\left(rU, \dfrac{V_t - V_c}{\Delta t}\right) & (V_t > V_c) \end{cases} \tag{4.20}$$

式中：V_t为 t 时刻水库蓄水量；U 为 t 时刻人类需水量；r 为修正系数；Δt 为时段长。该表达式可进一步解释如下：

（1）当水库蓄水量小于等于V_d时，出流量为 0。

（2）当蓄水量大于V_d且小于或等于V_c时，出流量按需水量及修正值计算，体现水库的兴利作用。

（3）当蓄水量大于V_c时，超过V_c的水量全部泄流。

2. 蓄泄规则参数确定

上节构建的概念性水库蓄泄规则式（4.19）主要存在三个待确定参数U_t、r 及Q_{dmax}，

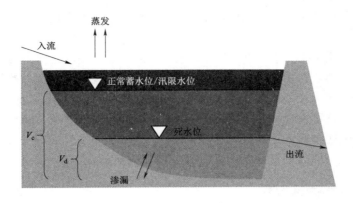

图 4.25　小型水库库容概化

其确定方法分别介绍如下。

根据 Huang 等[129]的研究，鄱阳湖流域的灌溉需水主要集中在 4—10 月的水稻种植期，故认为灌溉需水在 4—10 月内均匀分布；鄱阳湖流域非灌溉需水的年内变化很小，最大月比最小月比值仅为 1.15，故认为非灌溉需水在年内呈均匀分布。则 t 时刻子流域 s 的需水量$U_{s,t}$可由下式计算：

$$U_{s,t}=\mathrm{IRR}_{s,t}+\mathrm{NIRR}_{s,t} \tag{4.21}$$

式中：$\mathrm{IRR}_{s,t}$为 t 时刻子流域 s 的灌溉需水量；$\mathrm{NIRR}_{s,t}$为 t 时刻子流域 s 的非灌溉需水量。利用兴利库容的大小，t 时刻流域内某水库的人类需水量U_t可由下式计算：

$$U_t=U_{s,t}\frac{V_c-V_d}{V_{c,s}-V_{d,s}} \tag{4.22}$$

式中：$U_{s,t}$为 t 时刻该水库所在子流域 s 的总需水量；V_c-V_d 为该水库兴利库容；$V_{c,s}-V_{d,s}$为该水库所在子流域 s 所有水库的总兴利库容。

参数 r 为修正系数，用于修正估算的人类需水量，确保兴利库容得到合理利用。当水库蓄泄资料（如入流量、出流量、蓄水量序列）可用时，可通过率定获取 r 的值；此时，率定的 r 值在整个研究时段中可以保持不变，也可以随时段变化。特别地，本节引入目标出流量（Target Release）和目标蓄水量（Target Storage）的概念[130]提出了参数 r 的一种率定方法，其表达式如下式所示：

$$r_m=\frac{Q_m}{U_t}\left(1+\frac{V_t-cV_m}{cV_m}\right) \tag{4.23}$$

式中：r_m为第 m 个月的 r 值；V_t为 t 时刻水库蓄水量；Q_m、V_m 分别为第 m 个月的平均实测水库出流量和蓄水量；c 为率定参数。该表达式的解释如下：由于已知水库的实际出流量，此时不再需要求得U_t的值。以 cV_m 作为水库第 m 个月的目标蓄水量，通过构建任意时刻实际蓄水量与目标蓄水量之间相对偏差的线性函数来修正第 m 个月的历史平均出流量，得到第 m 个月的修正系数r_m和实际出流量r_mU_t。

当水库蓄泄资料不可用时，提出了参数 r 如下的估计方法：

（1）对于不完全年调节水库和年调节水库，r 的取值可以使相对枯水年的枯水期结束时水库蓄水量大约正好落在死库容之上。

（2）对于多年调节水库，r 的取值可以使连续枯水年组结束时的水库蓄水量大约正好落在死库容之上。

Q_{dmax} 的物理意义为下游安全泄量，该参数在区域尺度的研究中不易获取。当水库蓄泄资料（如入流、出流、蓄水量序列）可用时，可通过率定获取 Q_{dmax} 的值；当水库蓄泄资料不可用时，可将坝址处的 99% 累积频率对应的径流量选取为 Q_{dmax} 的值。

特别地，当水库蓄泄资料不可用而下游水文站实测径流资料可用时，可利用水文站实测径流资料率定上述参数，达到提高下游径流模拟精度的目的。此外，水库的初始蓄水量可按土壤含水率、前期雨量等方法[26-27]估计或率定得到。

4.3.3　库-河拓扑关系构建

对于鄱阳湖流域的大中型水库，由于其数量相对较少、水系归属明确、所在河流通常径流量较大，易于在模式中确定其所在的河道网格并实现水库与河流之间拓扑关系的构建。然而，鄱阳湖流域小型水库数目众多，水系归属模糊、径流资料缺乏，仅凭现有的水系资料难以将小型水库群与其所在河流（通常为小型河流）——对应。同时，模式的水文模型网格分辨率相对较粗（10km），无法实现对小型河流的描述。因此，如何在模式中构建小型水库群与河流的拓扑关系是水库群参数化方案构建的重点和难点之一。

本节首先利用集总式思想将子流域小型水库群概化为子流域出口断面的"聚合水库"，构建了基于聚合水库的集总式库-河拓扑关系；其次，基于遥感图像和库容-面积-高程标准差多元回归关系，提出小型水库与模式网格的耦合方法，构建了基于网格的分布式库-河拓扑关系。

4.3.3.1　基于聚合水库的集总式库-河拓扑关系

为了使模式可以刻画流域水库群对下游径流过程的影响，可以通过将流域一定空间范围内，具有水力联系的水库群聚合成流域出口断面的一个大水库，即"聚合水库"，近似认为该大水库对下游径流的影响等于流域水库群对下游径流的影响，称为集总式库-河拓扑关系，如图 4.26 所示。

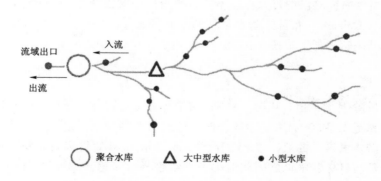

图 4.26　基于聚合水库的集总式库-河拓扑关系

聚合水库的库容和特征库容分别为流域内水库群的库容和特征库容之和，则聚合水库在任意时刻 t 的出流量 Q_t' 可在大型水库概念性蓄泄规则式（4-19）的基础上由下式确定：

$$Q'_t = \begin{cases} 0 & (V'_t \leqslant V'_d) \\ rU'_t & (V'_d < V'_t \leqslant V'_c) \\ \max\left[rU'_t, Q'_{dmax}\left(\dfrac{V'_t - V'_c}{V'_f - V'_c}\right)^k \right] & (V'_c < V'_t \leqslant V'_f) \\ \max\left(Q'_{dmax}, \dfrac{V'_t - V'_f}{\Delta t} \right) & (V'_t > V'_f) \end{cases} \tag{4.24}$$

式中：上标"′"代表聚合水库；V'_t为聚合水库蓄水量，由水量平衡方程式（4.15）计算；其余各项按下式计算：

$$Q'_{dmax} = \sum_{i=1}^{n} Q^i_{dmax} \tag{4.25}$$

$$V' = \sum_{i=1}^{n} V^i \tag{4.26}$$

$$U'_t = \sum_{i=1}^{n} U^i_t \tag{4.27}$$

式中：上标 i 表示聚合水库所代表的 n 个水库中的第 i 个水库；V^i 表示各水库的特征库容；Q^i_{dmax} 为各水库的安全泄量，当缺少 Q^i_{dmax} 的资料时，将聚合水库所在网格处 99% 累积频率对应的径流量选取为 Q'_{dmax} 的值。

4.3.3.2　基于网格的分布式库-河拓扑关系

在集总式库-河拓扑关系的基础上，本节进一步提出小型水库与模式网格的耦合方法，构建了基于网格的分布式库-河拓扑关系。基于网格的库-河拓扑关系首先利用库容和高程标准差之间的回归关系估计无资料小型水库在流域内的分布，然后基于小型水库径流库容比与附近中型水库径流库容比的平均值相等这一假设确定小型水库在某一网格的入流，从而实现基于网格的拓扑关系，其示意图如图 4.27 所示。

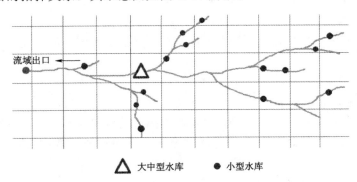

图 4.27　基于网格的分布式库-河拓扑关系

该方法首先将遥感图像提取得到的 1059 座小型水库群直接根据其经纬度位置放置于对应网格上。对于多个水库重叠在一个网格的情形，将其聚合成一个位于该网格的聚合水库。其次，由于模式网格分辨率较粗，无法描述小型水库所在的小型河流，模式中往往存在小型水库所在的网格流量很大这一现象，此时若以网格径流量作为小型水库的入流量，则该小型水库将一直处于蓄满状态，与实际明显不符。为解决这一问题，需要对模式中水库的入流量进行修正，从而使水库在模式中的多年平均入流量尽可能符合其实际多年平均入流量。由于未能获得小型水库的多年平均入流量资料，首先需要对小型水库的实际多年平均入流量进行估计。假设小型水库的径流库容比与附近中型水库径流库容比的平均值相等，则小型水库的多年平均入流量Q_s可由式（4.28）计算：

$$Q_s = \frac{Q_m}{V_m} \cdot V_s \tag{4.28}$$

式中：Q_m为附近中型水库的多年平均入流量；V_m为附近中型水库的库容；V_s为该小型水库的库容。进一步地，设该小型水库所在网格的多年平均入流量为Q_g，则t时刻小型水库的入流量$Q_{s,t}$可由式（4.29）计算：

$$Q_{s,t} = \frac{Q_s}{Q_g} \cdot Q_{g,t} \tag{4.29}$$

式中：Q_s为该小型水库的多年平均入流量；$Q_{g,t}$为t时刻该小型水库所在网格的网格径流量。

4.3.4　水库群调蓄下基于多阻断二维扩散波方程的汇流方法

CLHMS 模式中的水文模型 HMS 在全流域网格采用天然二维扩散波方程进行汇流演算。然而，由于水库群的调蓄，天然河道上下游间的水力联系被破坏，河道水流不再具有连续性，二维扩散波方程在此不能适用。在该背景下，由于目前缺乏水库群调蓄下二维扩散波的水文模型汇流演算方法，HMS 难以描述水库群调蓄对汇流过程的影响，不能从物理机制上反映由大中小型水库组成的水库群与产汇流过程的相互作用。

本节提出了水库群调蓄下多阻断二维扩散波方程的水文模型汇流方法，可以完善模型结构，从而实现水库群调蓄下汇流过程的模拟，是本章构建的水库群参数化方案的重要组成部分。考虑到大中型水库和小型水库的数量差异，首先将流域内水库分为大中型水库和小型水库两类，分别采用不同的汇流方法。

4.3.4.1　大中型水库

对于大中型水库，分别建立大中型水库所在**网格**和**下游网格**的二维扩散波方程，具体步骤如下所述。

1. 确定水库的下游网格

由于 HMS 采用多流向算法，理论上可以向周围 8 个方向同时汇流，而现实中水库的出流方向往往只有一个，因此首先需要确定水库出流的方向，即水库下游网格。经实验对比，选取周围 8 个网格中地表高程最低的网格作为下游网格；若存在地表高程相同的情况，则选择其中河道深度更大的网格作为下游网格。

2. 构建大中型水库调蓄影响上游的二维扩散波方程

根据大中型水库蓄泄规则和调蓄节点，计算水库蓄水量变化导致水库所在网格相应水面高程的变化，以及水流流速变化引起的动量变化，据此构建水库所在网格的二维扩散波方程组。首先计算水库蓄水量变化导致水库所在网格相应水面高程的变化，即

$$\Delta h_1 = \frac{(Q_t - I_t)\,\mathrm{d}t}{L^2(f_b + f_r)} \tag{4.30}$$

式中：Δh_1为水库蓄泄造成的所在网格水面高程变化；Q_t、I_t分别为水库出流量和入流量；

I 为水库入流量；f_r 为水库水面面积比例，由库容面积曲线计算得到；f_b 为网格天然水面面积比例；L 为网格长度；dt 为时间步长，在 HMS 模型中取半小时。其中，水库水面面积比例 f_r 由蓄水量-面积曲线（4.3.1.3节）确定，即

$$f_r = \frac{b}{L^2} \cdot V^{\frac{2}{3}} \tag{4.31}$$

式中：V 为水库蓄水量；b 为形状参数。忽略水流流速变化引起的动量变化，根据上游水面高程变化，构建水库所在网格的二维扩散波方程组，包括连续性方程和动量方程，即

$$\frac{dh_1}{dt} + \frac{1}{w}\left(\frac{dQ_x}{dx} + \frac{dQ_y}{dy}\right) = (1 - f_b - f_r)R + (f_r + f_b)(P - E) - f_b(C_u - C_g) - C_l - f_r D \tag{4.32}$$

$$g\frac{Q_x^2}{K^2} = -g\frac{dh_1}{dx} \tag{4.33}$$

$$g\frac{Q_y^2}{K^2} = -g\frac{dh_1}{dy} \tag{4.34}$$

式中：Q_x、Q_y 分别为 Q_t 在 x、y 方向上的分量；w 为河道宽度；f_r 为水库水面面积比例；f_b 为网格河道水面面积比例；D 为单位面积水库渗漏量；h_1 为水库所在网格水面高程；g 为重力加速度；K 为流量模数；其余符号的含义见 2.2.2 节。

3. 构建大中型水库调蓄影响下游的二维扩散波方程

根据大中型水库蓄泄规则和调蓄节点，计算水库的下泄流量，并将其作为水库下游网格连续性方程的源汇项，据此构建水库下游网格的二维扩散波方程组的连续性方程，即

$$\frac{dh_1}{dt} + \frac{1}{w}\left(\frac{dQ_x}{dx} + \frac{dQ_y}{dy}\right) = (1 - f_b)R + f_b(P - E - C_u - C_g) - C_l + Q_t \tag{4.35}$$

式中：Q_t 为水库 t 时刻下泄量；Q_x、Q_y 分别为 Q_t 在 x、y 方向上的分量；w 为河道宽度；f_b 为网格河道水面面积比例；其余符号的含义见 2.2.2.2 节。以 x 方向为例，水库下泄的水流元素的动量 M 为

$$M = \rho A v \Delta x + \rho Q v = \rho A v \Delta x + \rho A v^2 \tag{4.36}$$

式中：ρ 为水的密度；v 为泄流流速；A 为过水断面面积。则水流元素动量的变化量 dM 为

$$\begin{aligned}
dM &= \frac{\partial}{\partial t}(\rho A v)\Delta x + \frac{\partial}{\partial x}(\rho A v^2)\Delta x \\
&= \rho\Delta x\left(A\frac{\partial v}{\partial t} + v\frac{\partial A}{\partial t} + v^2\frac{\partial A}{\partial x} + 2vA\frac{\partial v}{\partial x}\right) \\
&= \rho\Delta x\left(A\frac{\partial v}{\partial t} + vA\frac{\partial v}{\partial x}\right)
\end{aligned} \tag{4.37}$$

在模式的一个计算时段 Δt 内，v 不随时间而变化，故

$$dM = \rho\Delta x v A\frac{\partial v}{\partial x} = \rho\Delta x A \cdot v\frac{v - 0}{\frac{f_b L^2}{w}} \tag{4.38}$$

其中

$$v = \frac{Q_x}{wd} \tag{4.39}$$

代入扩散波方程的动量方程式（2.34）、式（2.35），消去 $\rho\Delta xA$，重新整理得

$$g\frac{Q_x^2}{K^2} + g\frac{\mathrm{d}h_1}{\mathrm{d}x} = v^2\frac{w}{f_b L^2} \tag{4.40}$$

$$g\frac{Q_y^2}{K^2} + g\frac{\mathrm{d}h_1}{\mathrm{d}y} = u^2\frac{w}{f_b L^2} \tag{4.41}$$

式中：Q_x、Q_y 分别为 Q_t 在 x、y 方向上的分量；v、u 分别为流速在 x、y 方向上的分量；w 为河道宽度；d 为水深；L 为网格长度；f_b 为网格河道水面面积比例；h_1 为水库下游网格水面高程；g 为重力加速度；K 为流量模数。

4.3.4.2　小型水库

构建小型水库所在网格的二维扩散波方程，具体步骤如下所述。

1. 计算小型水库调蓄的源汇项

根据小水库的调蓄节点和蓄泄规则，计算小型水库对径流的调蓄作用，并将其近似概化为其所在网格的源汇项。在此过程中维持水流的连续性，据此构建水库所在网格的二维扩散波方程组。计算小型水库对径流的调蓄作用，将其近似概化为其所在网格连续性方程的源汇项：

$$S_r = \frac{Q_t - I_t}{L^2(f_r + f_b)} \tag{4.42}$$

式中：S_r 为水库调蓄引起的源汇项；Q_t 和 I_t 分别为水库 t 时刻下泄量和入流量；f_r 为水库水面面积比例；f_b 为网格河道水面面积比例；L 为网格长度。当水库入流大于出流，则该时段一部分径流量转移出流域汇流过程；当水库出流大于入流，则该时段一部分径流量额外加入流域汇流过程。

2. 构建小型水库所在网格的二维扩散波方程

在此过程中维持水流的连续性，据此构建相应的二维扩散波方程组，包括连续性方程和动量方程，即

$$\frac{\mathrm{d}h_1}{\mathrm{d}t} + \frac{1}{w}\left(\frac{\mathrm{d}Q_x}{\mathrm{d}x} + \frac{\mathrm{d}Q_y}{\mathrm{d}y}\right) = (1 - f_b - f_r)R + \tag{4.43}$$
$$(f_r + f_b)(P - E) - f_b(C_u - C_g) - C_1 - f_r D + S_r$$

由式（4.38）可知

$$\mathrm{d}M = \rho\Delta xAv\frac{(Q_t - I_t)}{L^2 d(f_r + f_b)} \tag{4.44}$$

代入动量方程并整理，得

$$g\frac{Q_x^2}{K^2} + g\frac{\mathrm{d}h_1}{\mathrm{d}x} = \frac{S_r}{d}v \tag{4.45}$$

$$g\frac{Q_y^2}{K^2} + g\frac{\mathrm{d}h_1}{\mathrm{d}y} = \frac{S_r}{d}u \tag{4.46}$$

式中：Q_x、Q_y 分别为 x、y 方向上的流量；v、u 分别为流速在 x、y 方向上的分量；w 为河道宽度；d 为水深；L 为网格长度；f_r 为水库水面面积比例；f_b 为网格河道水面面积比例；D 为单位面积的水库渗漏量；h_1 为水库下游网格水面高程；g 为重力加速度；K 为流

量模数;其余符号见式(2.32)、式(2.33)解释。

4.3.5 水库群参数化方案的耦合方法构建

本节主要从地表水、地下水、蒸散发和能量通量等方面完成水库群参数化方案与CLHMS的耦合。

4.3.5.1 地表水耦合

水库群与模式中地表水的耦合主要涉及水库水面面积变化导致的产流量改变、水库表面降水、蒸发和渗漏导致的地表水量变化,以及水库调蓄导致的汇流过程改变。其中,水库调蓄导致汇流过程的改变由4.3.4节构建的水库群调蓄下多阻断二维扩散波汇流方法进行描述;水面面积变化导致的产流量改变以及水库表面降水、蒸发和渗漏导致的地表水量变化在二维扩散波方程连续性方程的源汇项 S 中进行描述,如式(4.47)所示,当水库水面面积超出当前网格面积后,将继续淹没上游网格。

$$S=(1-f_b-f_r)R+(f_r+f_b)(P-E)-f_b(C_u-C_g)-C_l-f_rD \quad (4.47)$$

式中:f_r 为水库水面面积比例;R、P、E、C_u、C_g 和 C_l 分别为产流量、降水量、潜在蒸散发量、河流-包气带通量、河流-地下水通量和湖泊-地下水通量;D 为水库渗漏。其中,水库的渗漏量由饱和土壤的达西定律计算,即

$$D=K'\Delta h \quad (4.48)$$

其中

$$K'=\frac{K_r}{\Delta x} \quad (4.49)$$

式中:Δh 为水库水位和地下水位的水头差;K_r 为水库底部水力传导系数;Δx 为渗透距离。由于缺乏 K_r 和 Δx 的资料,引入参数 K' 来代表 K_r 和 Δx。K' 是一个待确定参数,其值选自相关研究报告。

4.3.5.2 地下水耦合

地下水的耦合主要涉及水库的下渗水量进入地下饱和带的过程,由二维 Boussinesq 方程描述:

$$\frac{dV_g}{dt}=\frac{d}{dx}\left[K_s(h_g-b)\frac{dh_g}{dx}\right]+\frac{d}{dy}\left[K_s(h_g-b)\frac{dh_g}{dy}\right]+(1-f_b-f_r)I+f_b(C_u+C_g)+C_l+f_rD$$

$$(4.50)$$

式中:K_s 为包气带饱和水力传导系数,LT^{-1};h_g 为地下水面高程,L;b 为含水层底部高程,L;I 为土壤下渗,LT^{-1};D 为水库渗漏,LT^{-1};f_r 为水库水面面积比例,L^2L^{-2};f_b 为网格天然水面面积比例,L^2L^{-2}。

4.3.5.3 蒸散发耦合

通过对水面蒸发和陆地蒸散发进行加权平均,实现任意网格蒸散发(潜热通量)的耦合:

$$\Delta ET=(E_w-ET)f_r \quad (4.51)$$

式中:ET 为蒸散发速率;E_w 为水库水面蒸发速率;ΔET 为蒸散发率改变量;f_r 为水库水面面积比例。

4.3.5.4 能量通量耦合

与4.3.5.3节蒸散发(潜热通量)的耦合方法类似,通过对水体的辐射及热通量和陆地

的辐射及热通量根据水体面积比例进行加权平均，实现任意网格能量通量方面的耦合：

$$X_g = f_r X_w + (1 - f_r) X_l \qquad (4.52)$$

$$\Delta X = (X_w - X_l) f_r \qquad (4.53)$$

式中：X_g 为水库群参数化方案耦合后网格上各能量通量；X_w 为太阳净辐射 R_n、潜热通量 LE、感热通量 H、地表热通量 G 等能量通量；ΔX 为水库群参数化方案耦合前后网格上各能量通量 X 的变化量；X_l 代表陆地；f_r 为水库水面面积比例。

4.3.6　水库参数化方案效果验证

本节首先以水库蓄泄过程的模拟效果为依据评估基于人工神经网络的水库蓄泄规则和基于特征水位的概念性蓄泄规则的合理性；其次，采用 CLHMS 模式，以水库调蓄影响下径流的模拟效果为依据，分别评估基于集总式和分布式两种库-河拓扑关系所构建的水库群参数化方案的合理性。

4.3.6.1　水库蓄泄过程模拟效果验证

本节以洪门水库和团结水库为例，分别对基于人工神经网络的数据驱动型水库蓄泄规则和基于特征水位的概念性蓄泄规则的模拟效果进行验证。

1. 基于人工神经网络的水库蓄泄规则

对于洪门水库，研究选取 2001—2010 年为训练期，2011—2014 年为测试期；对于团结水库，研究选取 2009—2013 年为训练期，2014—2016 年为测试期；由于正则化项系数只需在训练过程中通过训练集就能确定，因此无需独立的验证集。BP 人工神经网络的模拟效果如图 4.28 所示。

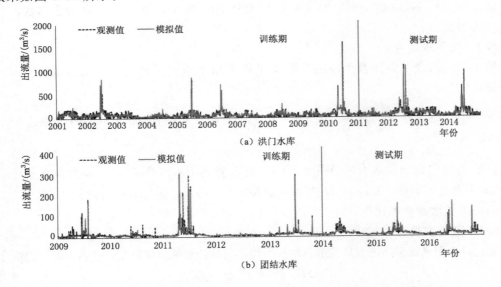

图 4.28　基于 BP 人工神经网络的洪门水库及团结水库日出流量模拟值及观测值

结果表明，洪门水库训练期日出流量的纳什效率系数（NSE）为 0.81，在测试期为 0.60；团结水库训练期日出流量的纳什效率系数（NSE）为 0.90，在测试期为 0.68。总体而言，BP 神经网络在训练期对水库蓄泄的模拟效果较好，日尺度的 NSE 均超过了 0.8；BP 人工神经网络在测试期对水库蓄泄的模拟 NSE 均为 0.6～0.7，精度尚可，但与训练期的模拟精度相比有一定差距，表明所构建网络尚有一定改进空间。

本章所构建的 BP 人工神经网络具有网络结构简单、计算量小的优点，但是在水库蓄泄过程模拟方面的推广能力相对一般。其原因可能主要有以下几点：

（1）实际的水库调度策略具有多目标性和灵活性的特点，而研究所采用的 BP 人工神经网络结构简单，处理复杂问题的能力有限。

（2）所选取的输入变量不能完全解释水库的蓄泄过程，模型的训练过程中可能存在一定程度的过拟合现象。

此外，基于 BP 人工神经网络的数据驱动型水库蓄泄规则需要大量数据进行训练、测试和验证[131]。然而，在区域尺度的研究（如鄱阳湖流域）中通常缺乏多数水库的蓄泄资料，资料的缺乏进一步限制了数据驱动型水库蓄泄规则的应用。

2. 基于特征水位的概念性水库蓄泄规则

基于特征水位的概念性水库蓄泄规则可以在有水库蓄泄资料和无水库蓄泄资料两种情形下分别通过参数率定和参数估计实现水库蓄泄过程的模拟。因此，本节对两种情形的模拟效果进行分别验证。

（1）有水库蓄泄资料情形。在有水库蓄泄资料情形下，参数 Q_{dmax} 可通过率定直接得到，参数 r 则通过率定子参数 c 得到。对于洪门水库，研究选取 2001—2010 年为率定期，2011—2014 年为验证期；对于团结水库，研究选取 2009—2013 年为率定期，2014—2016 年为验证期，率定结果见表 4.7。有水库蓄泄资料情形下日出流量和日蓄水量的模拟效果如图 4.29 和图 4.30 所示。

表 4.7　概念性水库蓄泄规则参数率定结果

参　数	洪门水库	团结水库
c	0.86	0.80
$Q_{dmax}/(m^3/s)$	1842	90

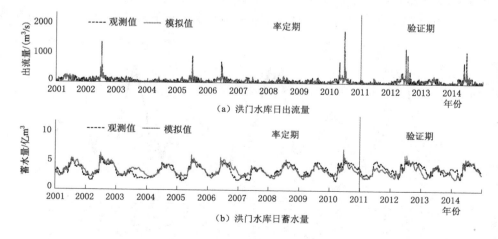

图 4.29　有水库蓄泄资料情形下基于概念性蓄泄规则的洪门水库日出流量和日蓄水量模拟值及观测值

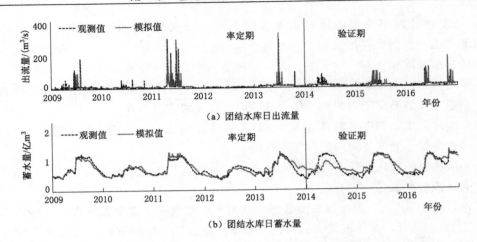

（a）团结水库日出流量

（b）团结水库日蓄水量

图 4.30　有水库蓄泄资料情形下基于概念性蓄泄规则的团结水库日出流量和
日蓄水量模拟值及观测值

　　结果表明，洪门水库率定期日出流量和日蓄水量的纳什效率系数（NSE）分别为 0.65 和 0.66，在验证期分别为 0.52 和 0.42；团结水库率定期日出流量和日蓄水量的纳什效率系数（NSE）分别为 0.70 和 0.84，在验证期分别为 0.72 和 0.73。总体而言，概念性水库蓄泄规则对团结水库蓄泄的模拟效果较好，率定期和验证期的 NSE 相差不大；对洪门水库蓄泄的模拟效果稍差，率定期和验证期的 NSE 相差也稍大，可能原因之一是洪门水库本身承担着大量发电任务，随着用电负荷的变化而变化，难以完全用概念性规则描述。

　　相较于基于 BP 神经网络的蓄泄规则，虽然概念性规则总体的模拟效果不如 BP 神经网络，但是物理意义明确、结构清晰，同时具有较好的扩展性。

　　为了进一步考察参数 Q_{dmax} 和 r 的敏感性，以团结水库为例设置了四组实验，分别将参数 Q_{dmax} 和参数 r 的子参数 c 改变 ±20% 和 ±50%，分析水库蓄水量的变化量。结果如图 4.31 和图 4.32 所示，当 Q_{dmax} 分别减少 50%、减少 20%、增加 20%、增加 50% 时，改变只发生在水库水位高于兴利水位时，且水库的平均蓄水量几乎不发生变化；当 c 分别减少

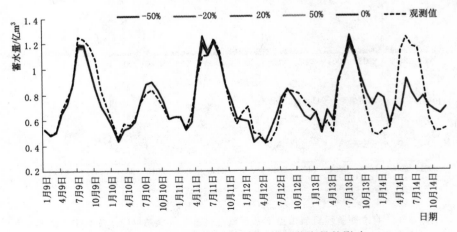

图 4.31　参数 Q_{dmax} 的不同取值对模拟蓄水量的影响

50%、减少20%、增加20%、增加50%时，水库的平均蓄水量分别减少36.8%、减少17.4%、增加14.3%、增加31.7%。表明参数Q_{dmax}的敏感性较低，而参数r的敏感性较高。

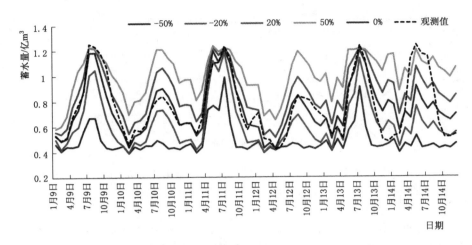

图4.32 参数r中子参数c的不同取值对模拟蓄水量的影响

（2）无水库蓄泄资料情形。由于鄱阳湖流域大部分水库均没有蓄泄资料，因此需要对无水库蓄泄资料情形下概念性水库蓄泄规则的模拟效果进行分析和评价。在无水库蓄泄资料情形下，参数r和Q_{dmax}通过4.3.2.4节的方法进行估计，因此无需设置率定期和验证期，估计结果见表4.8。无水库蓄泄资料情形下洪门水库和团结水库日出流量和日蓄水量的模拟效果如图4.33和图4.34所示。

表4.8 概念性水库蓄泄规则参数估计结果

参　数	洪门水库	团结水库
r	5.5	4.5
$Q_{dmax}/(\text{m}^3/\text{s})$	700	130

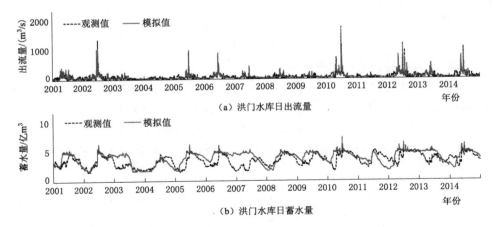

图4.33 无水库蓄泄资料情形下基于概念性蓄泄规则的洪门水库日出流量和日蓄水量模拟值及观测值

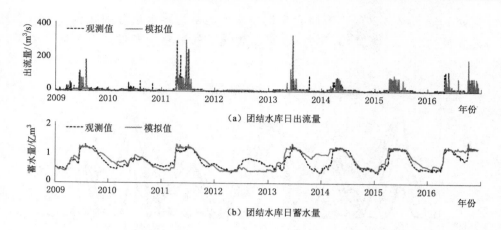

图 4.34　无水库蓄泄资料情形下基于概念性蓄泄规则的团结水库日出流量和
日蓄水量模拟值及观测值

结果表明，洪门水库在整个研究时段的日出流量和日蓄水量的纳什效率系数（NSE）分别为 0.48 和 0.20；团结水库在整个研究时段的日出流量和日蓄水量的纳什效率系数（NSE）分别为 0.40 和 0.61。

总体而言，无水库蓄泄资料情形下的概念性水库蓄泄规则对团结水库蓄泄的模拟效果较好，对洪门水库蓄泄的模拟效果较差；相对于有水库蓄泄资料情形下的模拟结果，由于无法通过率定提高参数精确性，无水库蓄泄资料情形下两个水库的模拟效果较差。然而，无水库蓄泄资料情形下的概念性水库蓄泄规则仍然能刻画水库蓄水量的变化趋势，尤其是对团结水库而言，日尺度蓄水量的 NSE 超过了 0.6；对于洪门水库而言，虽然日尺度模拟蓄水量的 NSE 较低，但其变化趋势大致与观测相似，表明了概念性水库蓄泄规则在无资料情形下的适用性，对区域尺度上水库群参数化方案的构建具有重要意义。

在区域尺度的研究中，由于缺乏大多数水库的蓄泄过程资料，难以对基于 BP 人工神经网络的数据驱动型水库蓄泄规则进行训练、测试和验证，因此，在后续研究中水库群参数化方案统一采用基于特征水位的概念性水库蓄泄规则。

4.3.6.2　库-河拓扑关系的模拟效果验证

本节选取赣江上游峡山以上地区为典型区域，分别采用集总式库-河拓扑关系和分布式库-河拓扑关系，分析 CLHMS 模式在耦合水库群参数化方案前后模拟径流过程的效果，从而分别评估基于上述两种拓扑关系的水库群参数化方案的合理性。所选用的评估指标包括相关系数（R）、纳什效率系数（NSE）和相对偏差（PBIAS），其表达式为

$$PBIAS = \frac{\sum S_i}{\sum O_i} \tag{4.54}$$

$$R = \frac{\sum (S_i - \overline{S})(O_i - \overline{O})}{\left[\sum (S_i - \overline{S})^2 \sum (O_i - \overline{O})^2 \right]^{0.5}} \tag{4.55}$$

$$NSE = 1 - \frac{\sum(S_i - O_i)^2}{\sum(O_i - \overline{O})^2} \qquad (4.56)$$

式中：S_i 为模拟径流；Q_i 为观测径流；$\overline{S}$ 为研究时段模拟径流的平均值；$\overline{O}$ 为研究时段观测径流的平均值。

1. 模拟区域

赣江上游峡山以上流域面积约 1.8 万 km^2，年降水量约 1300 多 mm。由于降水和径流在年内呈不均匀分布，本节将 10 月至次年 2 月划分为枯水期，3—9 月划分为汛期。流域内共有 1 座大（2）型水库（即团结水库），7 座中型水库，以及 445 座小型水库，总库容约 8 亿 m^3。其中，445 座小型水库占流域水库总数的 98% 和库容的 53%。

2. 基于集总式库-河拓扑关系的水库群参数化方案

集总式库-河拓扑关系采用聚合水库的方法概化小型水库群的水文影响。聚合水库位置的选取主要考虑简便性和数据的可用性。本节收集流域内各行政单位的小型水库总库容、总特征库容资料，综合峡山以上流域的行政区划，将流域进一步划分出三个子流域，设置一聚合水库在各子流域的流域出口，每个聚合水库的库容、特征库容等于子流域内所有小型水库库容、特征库容之和。其中，聚合水库 1、2、3 的库容分别为 2.52 亿 m^3、0.93 亿 m^3、0.80 亿 m^3。

以 2012—2015 年为率定期，2008—2011 年为验证期，以峡山的周径流量和月径流量为率定对象，对无水库群参数化方案的 CLHMS 模式进行率定。在此基础上，设置不考虑水库、只考虑大中型水库以及考虑所有水库三种情景模式对水库群参数化方案进行评估，分别对应无水库群参数化方案的 CLHMS 模式、只耦合大中型水库参数化方案的 CLHMS 模式以及完全耦合水库群参数化方案的 CLHMS 模式。

三种情景的模拟结果显示：无水库群参数化方案的 CLHMS 月尺度径流量的 PBIAS、R 和 NSE 分别为 0.08、0.95、0.89；只耦合大中型水库参数化方案的 CLHMS 月尺度径流量的 PBIAS、R 和 NSE 分别为 0.05、0.95、0.90；完全耦合水库群参数化方案的 CLHMS 月尺度径流量的 PBIAS、R 和 NSE 分别为 0.03、0.96、0.91。图 4.35 展示了 2008—2015 年无水库的 CLHMS 模式和完全耦合水库群的 CLHMS 模式的月径流模拟值以及两者之间的偏差。

上述结果表明，水库群的耦合使模式的径流模拟效果得到了改进。其中，耦合水库群参数化方案的模式的模拟效果较无水库模式的模拟效果改进明显，成对 T 检验显示改进效果通过了 95% 的显著性检验。其原因主要可能包括以下两点：

（1）由于水库的调蓄作用，耦合水库群的模式枯水期径流模拟值较无水库模式增加了 5.1m^3/s（2.0%），而汛期减少了 45.4m^3（7.8%），使模拟的径流值更接近观测值。

（2）水库的蓄水、蒸发和下渗使地表径流总量减少了 4.6%，相对偏差从 7.8% 减少到至 3.2%，进一步减少了地表水量平衡的误差。

上述结果表明，基于聚合水库的集总式库-河拓扑关系相对适用于水库群对下游径流量影响的评估，但其同时存在两个凸出的问题：

（1）流域内水库群对下游径流的影响与流域出口断面处大型水库的影响不一定可以完全等效看待。

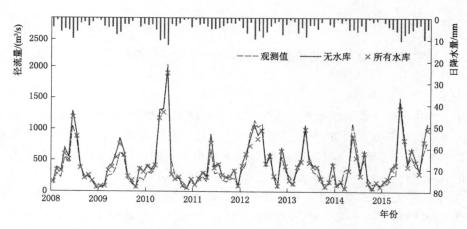

图 4.35　2008—2015 年完全耦合水库群和无水库参数化方案的
CLHMS 模式月径流模拟结果

（2）聚合水库的气候水文效应（如蒸发量、下渗量）集中于流域出口断面其所在的位置，与实际相差很大。因此，集总式库-河拓扑关系并不适用于陆气耦合的相关研究。

3. 基于分布式库-河拓扑关系的水库群参数化方案

以 1978—1982 年为率定期，1983—1987 年为验证期，以峡山的周径流量和月径流量为率定对象，对无水库群参数化方案的 CLHMS 模式进行率定。在此基础上，设置不考虑水库、只考虑大中型水库以及考虑所有水库三种情景模式对水库群参数化方案进行评估，分别对应无水库群参数化方案的 CLHMS 模式、只耦合大中型水库参数化方案的 CLHMS 模式以及完全耦合水库群参数化方案的 CLHMS 模式。

三种情景的模拟结果显示，无水库群参数化方案的 CLHMS 周尺度径流量的 PBIAS、R 和 NSE 分别为 0.047、0.901、0.904，月尺度径流量的 PBIAS、R 和 NSE 分别为 0.047、0.946、0.937；只耦合大中型水库参数化方案的 CLHMS 周尺度径流量的 PBIAS、R 和 NSE 分别为 0.042、0.907、0.911，月尺度径流量的 PBIAS、R 和 NSE 分别为 0.042、0.951、0.946；完全耦合水库群参数化方案的 CLHMS 周尺度径流量的 PBIAS、R 和 NSE 分别为 0.035、0.915、0.921，月尺度径流量的 PBIAS、R 和 NSE 分别为 0.035、0.962、0.960。图 4.36 和图 4.37 分别从时间和空间两个角度展示了 1978—1987 年无水库的 CLHMS 模式和完全耦合水库群的 CLHMS 模式的模拟月径流量。

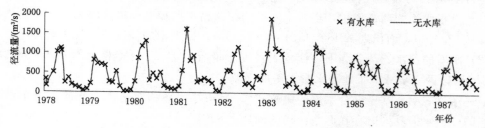

图 4.36　1978—1987 年完全耦合水库群参数化方案和无水库群参数化方案的
CLHMS 模式月径流模拟结果模拟月径流量

上述结果表明，水库群的耦合使模式的径流模拟效果得到了改进。其中，耦合水库群参数化方案的模式的模拟效果较无水库模式的模拟效果改进明显，成对 t 检验显示改进效果通过了 99% 的显著性检验。其原因主要可能包括以下两点：

（1）由于水库的调蓄作用，耦合水库群的模式枯水期径流模拟值较无水库模式增加了 12.6m³/s（6.9%），而汛期减少了 19.1m³（2.9%），使模拟的径流值更接近观测值。

（2）水库的蓄水、蒸发和下渗使地表径流总量减少了 1.2%，相对偏差从 4.7% 减少到至 3.5%，进一步减少了地表水量平衡的误差。

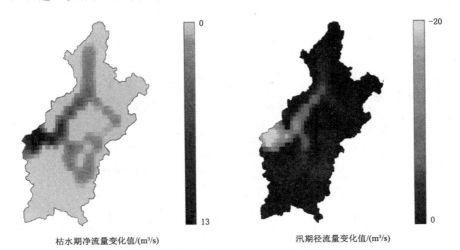

枯水期净流量变化值/(m³/s)　　　　　汛期径流量变化值/(m³/s)

图 4.37　完全耦合水库群参数化方案的 CLHMS 模式的枯水期（左）和汛期（右）径流模拟结果相对于无水库群参数化方案的变化量

上述结果表明，基于网格的分布式库-河拓扑关系的水库群参数化方案提高了径流模拟精度，可以应用于陆面水文耦合模式。此外，相比只有大中型水库的情景，在此基础上耦合小型水库群进一步提高了模拟精度，验证了小型水库分布式库-河拓扑关系的合理性。

虽然分布式库-河拓扑关系对小型水库多年平均入库流量作出的假设仍然带来了一定的不确定性，但该不确定性在基于聚合水库的集总式的库-河拓扑关系中也存在（即水库群的入流与聚合水库的入流不一致问题）。同时，集总式库-河拓扑关系在聚合水库处具有集中的、不合理的气候水文效应（如蒸散发、下渗），不适用于陆气耦合研究。因此，基于网格的分布式库-河拓扑关系相对更适合水库群参数化方案的构建，后续研究中的水库群参数化方案统一采用基于网格的分布式库-河拓扑关系。

4.3.6.3　模式径流过程模拟效果验证

本节 4.2.4 节率定结果的基础上，利用无水库参数化方案的 CLHMS 模式进一步对外洲站、李家渡站和梅港站 1981—1999 年的径流过程进行模拟，并与之前 1961—1980 年的模拟效果进行对比。其中，CLHMS 模式的参数值均沿用本节基于自然径流的率定结果。图 4.38 展示了 1981—1999 年三站的月径流观测值和无水库参数化方案 CLHMS 模式的月径流模拟值。

表 4.9 分别给出了 1961—1980 年和 1981—1999 年两时段内模拟结果的相对误差

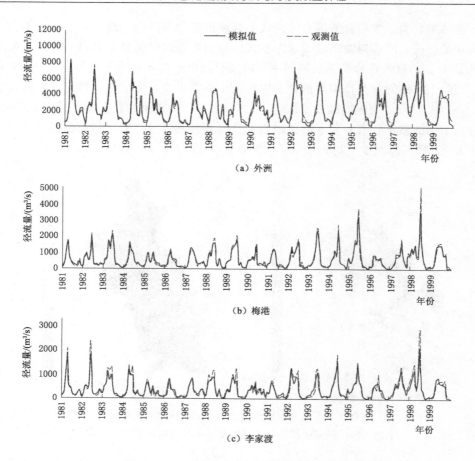

图 4.38　1981—1999 年外洲、梅港、李家渡站的径流观测值和
无水库参数化方案 CLHMS 模式的径流模拟值

（PBIAS）以及日尺度和月尺度的纳什效率系数（NSE）。值得注意的是，对于所有三个站点，1981—1999 年内的 NSE 均低于 1961—1980 年的 NSE。这一现象的可能原因是，随着鄱阳湖流域中水库的陆续建成并投入运行，基于自然径流的率定结果很难在 1981—1999 年重现水库群对径流过程的影响。

表 4.9　　　　　　　　　　无水库群参数化方案的 CLHMS 模式模拟结果

水 文 站	1961—1980			1981—1999		
	PBIAS	NSE（日）	NSE（月）	PBIAS	NSE（日）	NSE（月）
外洲	−0.01	0.83	0.96	0.01	0.81	0.94
梅港	0.05	0.71	0.95	0.01	0.66	0.94
李家渡	−0.05	0.66	0.91	−0.04	0.59	0.89

　　本节进一步利用启用水库群参数化方案的 CLHMS 模式对 1981—1999 年的径流进行模拟，其中水库初始蓄水量设为水库库容与所在网格土壤相对含水量的乘积。在启用水库

群参数化方案后，可以认为 CLHMS 模式能够描述水库群对下游水文情势的影响，而无需对 CLHMS 模式进行重新率定。表 4.10 列出了启用水库群参数化方案及无水库群参数化方案的 CLHMS 模式在 1981—1999 年对外洲、梅港、李家渡水文站的径流模拟结果。

在日尺度上，启用水库群参数化方案的 CLHMS 模式在 1981—1999 年的径流模拟结果均好于无水库群参数化方案的 CLHMS 模式的径流模拟效果，所有三个站的 NSE 值均有所提高。为了进一步检验提升效果的显著性，利用成对 t 检验验证两个模拟序列之间的差异性，结果表明，对于所有三个站点，模拟效果的提升均通过了 95% 显著性检验。在月尺度上，外洲站和李家渡站的径流模拟值也有所改善。总体而言，通过启用水库群参数化方案，模式模拟鄱阳湖流域水文情势的能力得到了提高。

表 4.10　　　　　1981—1999 年无水库群参数化方案及启用水库群
参数化方案的模式径流模拟结果

水文站	无水库群参数化方案		启用水库群参数化方案	
	NSE（日）	NSE（月）	NSE（日）	NSE（月）
外洲	0.81	0.94	0.84*	0.96
梅港	0.66	0.94	0.67*	0.94
李家渡	0.59	0.89	0.62*	0.90

注　*通过 95% 显著性水平检验。

4.3.7　小结

本节通过资料收集、遥感水面提取和多元回归构建了鄱阳湖流域的水库数据库；考察了水库入库流量、出库流量、蓄水量等延迟时间序列的互相关性，建立了基于人工神经网络的数据驱动型水库蓄泄规则；考察了水库实际运行方式，构建了基于特征水位的概念性水库蓄泄规则；构建了基于聚合水库的集总式库-河拓扑关系；提出了基于网格的分布式库-河拓扑关系；根据水量平衡关系和水动力耦合节点，分别针对大中型水库和小型水库提出了水库群调蓄下多阻断二维扩散波方程的汇流方法，从而初步完成了水库群参数化方案的开发。进一步地，从地表水、地下水、蒸散发、能量通量等方面实现了水库群参数化方案与陆面水文模式 CLHMS 的动态耦合。最后，从水库蓄泄过程和 CLHMS 模式径流过程的模拟效果出发，验证所构建的水库群参数化方案及耦合模式的适用性。获得的主要结论包括：

（1）水库库容、汛期水库水面面积和库址处的高程标准差三者之间存在较强的相关关系。在水库库容的总变差中，有 80% 可以被汛期水库水面面积和库址处的高程标准差组成的回归方程所解释，可用于估计无资料的水库库容。

（2）水库出流量序列与滞后天数为 0 和 -1 的入流量序列、滞后天数为 -1 的水库蓄水量序列、滞后天数为 -1 的水库出流量序列和滞后天数约为 -90 的月份序列相关性较高，适用于人工神经网络的构建。

（3）基于人工神经网络的水库蓄泄规则的总体模拟效果相对较好，然而蓄泄资料需求高、缺乏物理意义、扩展性相对一般；基于特征水位的概念性水库蓄泄规则的总体模拟效果相对稍差，但资料需求相对少、物理意义明确、结构清晰、扩展性相对较好。特别地，基于特征水位的概念性水库蓄泄规则可以在无资料情形下有限度地还原水库的调蓄过程。

因此，本文选取基于特征水位的概念性水库蓄泄规则展开后续研究。

（4）基于聚合水库和网格的两种库-河拓扑关系的水库群参数化方案均可以提高 CLHMS 模式的径流模拟效果，然而前者具有不合理的气候水文效应，不适用于陆面水文模拟和陆气耦合研究。因此，本文选取基于网格的分布式库-河拓扑关系展开后续研究。

4.4　水库群的水文效应及其机理

一般而言，水库群影响水循环的途径主要包括以下几种：

（1）水库群的调蓄直接影响汇流过程，改变地表水的分布状态，同时间接影响地下水和土壤水过程。

（2）水库群的下渗直接影响土壤水及地下水过程，同时间接影响地表水的侧向运动。

（3）水库群的蓄放水引起水面面积变化：一方面直接影响地表产流过程；另一方面影响大气陆面间的水分和能量交换，包括蒸散发等。

基于上述认识，本节以 1979—1986 年为研究时段，建立无水库（NO-RES）和有水库（RES）两种模拟情景，分别利用无水库群参数化方案和耦合水库群参数化方案的陆面水文耦合模式，分析两种情景下流域径流量（Q）、地下水位（D）、地表水-地下水交换量（CG）、土壤相对含水量（SM）、蒸散发（ET）等水文要素的变化趋势，探究水库群对流域水循环的影响机理。在本节中，为了表示流域水文要素年内的变异性，定义径流量最大的 5 个月（3—7 月）为丰水期，其余的 7 个月（8 月至次年 2 月）为少水期；定义 6—8 月为夏季，12 月至次年 2 月为冬季。

4.4.1　径流量

无水库群参数化方案和耦合水库群参数化方案两种情景下鄱阳湖流域外洲、李家渡、梅港、万家埠、虎山站的月径流模拟值和实测值如图 4.39 所示。结果显示，鄱阳湖流域主要河流的径流量具有明显的季节分布特征，3—7 月径流量较多，为丰水期；8 月至次年径流量 2 月较少，为少水期。通过耦合水库群参数化方案，外洲、李家渡、梅港、万家埠、虎山站在整个研究时段的多年平均径流量分别减少了 $10.6\mathrm{m^3/s}$（0.6%）、$7.3\mathrm{m^3/s}$（1.8%）、$3.3\mathrm{m^3/s}$（0.9%）、$1.8\mathrm{m^3/s}$（3.0%）和 $1.1\mathrm{m^3/s}$（0.5%）。耦合水库群参数化方案后流域多年平均径流量的减少受水循环多种要素共同钳制，其中主要有水库蒸发、水库渗漏和地表水-地下水交换量，其机制简要叙述如下：

（1）水库群导致流域水面面积扩大，水面蒸发损失增加（详见 4.4.5 节）。

（2）水库存在渗漏现象，其渗漏的一部分水量驻留在了非饱和带，增加了非饱和带的蓄水量的同时加大了土壤蒸发量，进一步造成地表水量损失（详见 4.4.5 节）。

（3）地下水对地表水的补给量增加，使地表径流增加，抵消了一部分水量损失（详见 4.4.3 节）。

无水库群参数化方案和耦合水库群参数化方案两种情景下鄱阳湖流域多年平均径流量的空间分布如图 4.40 所示。结果显示，耦合水库群参数化方案后丰水期径流量减少、少水期径流量增加、洪峰流量降低，具有显著的径流调节能力。在丰水期（3—7 月），

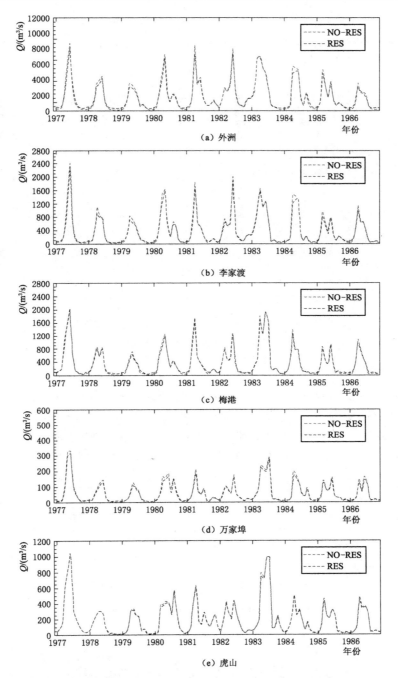

图 4.39 无水库群参数化方案（NO-RES）和耦合水库群参数化方案（RES）两种
情景下流域外洲、李家渡、梅港、万家埠、虎山站的月径流模拟值和实测值

外洲、李家渡、梅港、万家埠、虎山站的径流量分别减少了 $-216\mathrm{m}^3/\mathrm{s}$（$-6.1\%$）、
$-51\mathrm{m}^3/\mathrm{s}$（$-6.4\%$）、$-32\mathrm{m}^3/\mathrm{s}$（$-4.2\%$）、$-8.7\mathrm{m}^3/\mathrm{s}$（$-7.2\%$）和 $-9.4\mathrm{m}^3/\mathrm{s}$
（-2.5%）；在少水期（8 月至次年 2 月），五站的径流量则分别增加了 $136\mathrm{m}^3/\mathrm{s}$（$24\%$）、

24m³/s（24%）、28m³/s（31.8%）、3.1m³/s（17.2%）和 4.9m³/s（6.6%）。耦合水库群后径流年内分布变化的主要原因是水库群通过在丰水期蓄水、少水期泄流来满足各类调度目标，显著调节径流量的时空分布。

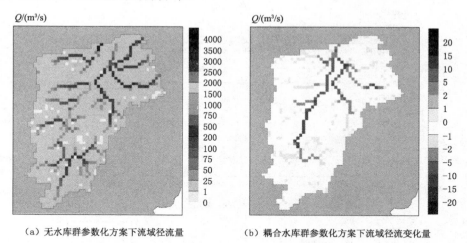

（a）无水库群参数化方案下流域径流量　　　　（b）耦合水库群参数化方案下流域径流变化量

图 4.40　无水库群参数化方案情形下鄱阳湖流域径流量和
耦合水库群参数化方案后径流量的变化量

4.4.2　地下水位

无水库群参数化方案和耦合水库群参数化方案两种情景下鄱阳湖流域地下水位的模拟值和变化量如图 4.41 所示。结果显示，鄱阳湖流域的多年平均地下水位为 247.1m，其中丰水期水位略高，为 247.2m，少水期水位略低，为 247.0m。通过耦合水库群参数化方案，由于水库存在渗漏现象，一部分水量渗漏至非饱和带及饱和带，鄱阳湖流域的地下水位呈现上升

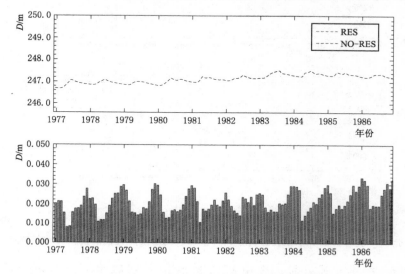

图 4.41　无水库群参数化方案（NO-RES）和耦合水库群参数化方案（RES）
两种情景下鄱阳湖流域地下水位的模拟值（上）和变化量（下）

趋势，整个研究时段平均上升 20mm，其中丰水期上升 17mm，少水期上升 25mm，少水期的上升幅度略大于丰水期。同时，耦合水库群参数化方案后流域的地下水位的抬升幅度以 4mm/10a 的速度持续增加，表明水库修建后地下水位可能仍需数十年才能重新达到平衡状态，这期间地下水位的抬升幅度会持续增加，这一结果与现有研究较为吻合[132]。

无水库群参数化方案和耦合水库群参数化方案两种情景下鄱阳湖流域多年平均地下水位的变化量如图 4.42 所示。总体而言，鄱阳湖流域地下水位的空间分布与海拔高程相似，湖滨平原区地下水位低，埋深多为 5～10m；四周山区地下水位则较高，埋深较大，多为 30～50m。耦合水库群参数化方案后，流域大部分地区的地下水位升高，水库密集区域的地下水位升高较明显，幅度可达 50～500mm，而水库稀疏地区地下水位的升高幅度普遍在 10mm 以下，个别地区地下水位轻微下降。

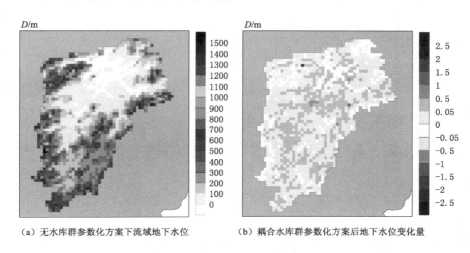

（a）无水库群参数化方案下流域地下水位　　　（b）耦合水库群参数化方案后地下水位变化量

图 4.42　无水库群参数化方案和耦合水库群参数化方案
两情景下鄱阳湖流域地下水位的变化量

4.4.3　地表水-地下水交换量

由饱和土壤的达西定律可知，地表水-地下水交换量的方向与地下水和地表水的水位高程有关，当地下水水位高于地表水水位时，地下水补给地表水；当地下水水位低于地表水水位时，地表水补给地下水，且补给速率与两者间水头的差值呈正比。本章研究中，定义地表水补给地下水为正，地下水补给地表水为负。

无水库群参数化方案和耦合水库群参数化方案两种情景下鄱阳湖流域的地表水-地下水交换量的时间分布如图 4.43 所示。结果显示，在无水库群参数化方案情景下，鄱阳湖流域的地表水-地下水交换量都为负值或在零值附近，多年平均值为 -1.42mm/d，表明流域总体上是地下水补给地表水，该现象与鄱阳湖流域地处湿润区，地下水埋深较浅有一定关系。流域的地表水-地下水交换量具有明显的季节分布特征，地下水向地表水的补给量在丰水期较为显著，多年平均值为 -2.81mm/d，在少水期则为 -0.42mm/d，这一季节性差异的可能原因是丰水期地下水的埋深较浅，对地表水的补给较多，少水期地下水埋深较深，对地表水的补给较少。

通过耦合水库群参数化方案，鄱阳湖流域的多年平均地表水-地下水交换量减小了0.6%，表明水库群进一步加大了地下水对地表水的补给量。其中，地下水对地表水的补给量在丰水期的增加不显著，在少水期则增大了3.3%，这一季节性差异的可能原因是耦合水库群参数化方案后地下水位在少水期的抬升幅度大于丰水期，导致少水期地下水和地下水的水头差相对较大（见4.4.2节）。相对于无水库参数化方案情景，耦合水库群参数化方案情景下水库渗漏导致地下水位抬升，从而增加了地下水与地表水的水头差，在流域层面上表现为地下水对地表水补给量的增加。

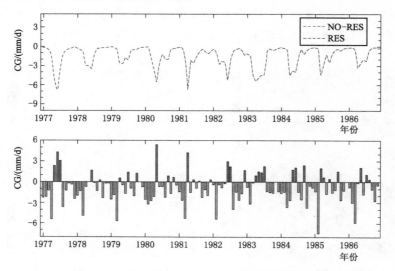

图 4.43　无水库群参数化方案（NO‑RES）和耦合水库群参数化方案（RES）
两种情景下鄱阳湖流域地表水-地下水交换量的模拟值（上）和变化量（下）

无水库群参数化方案和耦合水库群参数化方案两种情景下鄱阳湖流域多年平均地表水-地下水交换量的空间分布如图4.44所示。由鄱阳湖流域地表水-地下水交换量的空间分布可知，流域大部分地区为地下水补给地表水。由于湖面水位较高，鄱阳湖及湖滨平原为地表水补给地下水。耦合水库群参数化方案后，大部分地区地表水-地下水交换量的变化幅度较小，其中水库密集地区，尤其是一些大型水库所在位置处地下水补给地表水的水量增加显著，如柘林水库、万安水库、洪门水库等，增加幅度可达15%以上。

4.4.4　土壤相对含水量

无水库群参数化方案和耦合水库群参数化方案两种情景下鄱阳湖流域土壤相对含水量的时间分布如图4.45所示。结果显示，在无水库参数化方案情景下，鄱阳湖流域的平均土壤相对含水量在多年尺度上大致在0.5~0.85的范围间波动，多年平均值为0.722。土壤相对含水量与地下水的年内分布规律一致，季节变化明显，其中丰水期平均值为0.798，少水期平均值为0.669。通过耦合水库群参数化方案，鄱阳湖流域的平均土壤相对含水量得到略微增加，增加幅度约为0.4%。在流域尺度上，耦合水库群后土壤相对含

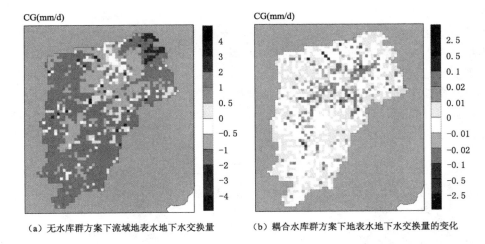

（a）无水库群方案下流域地表水地下水交换量　　　（b）耦合水库群方案下地表水地下水交换量的变化

图4.44　无水库群参数化方案情形下鄱阳湖流域地表水-地下水交换量和
耦合水库群参数化方案后地表水-地下水交换量的变化量

水量的变幅较小，表明流域内水库群不是造成模式土壤相对含水量模拟误差的主要原因。
流域土壤相对含水量变化的主要原因在于：

（1）水库渗漏的一小部分水量储存于非饱和带中，提高了非饱和带的储水量。

（2）地下水位上升，指向土壤的基质势梯度增大，导致指向土层的水汽扩散作用增强。

土壤相对含水量在少水期的增加幅度大于丰水期的增加幅度，这一季节性差异可以由
均衡态（steady state）的理查德方程和饱和土壤的达西定律解释：根据均衡态的理查德
方程式（2-16），地下水埋深与土壤相对含水量存在正相关关系，因此土壤相对含水量的
变化趋势总体上与地下水位相似。

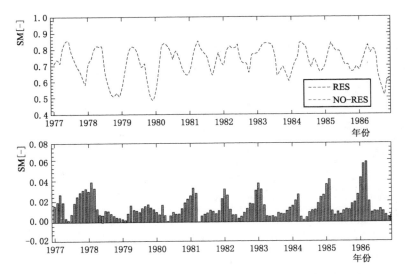

图4.45　无水库群参数化方案（NO-RES）和耦合水库群参数化方案（RES）
两种情景下鄱阳湖流域土壤相对含水量的模拟值（上）和变化量（下）

无水库群参数化方案和耦合水库群参数化方案两种情景下鄱阳湖流域多年平均土壤相对含水量的变化量如图 4.46 所示。在无水库群参数化方案情景下，鄱阳湖流域的多年平均土壤相对含水量在空间上的分布相对均匀，大部分区域为 0.65～0.75，流域北部的土壤相对含水量相对较高，可能与流域北部地势平坦、地下水埋深较浅和降水量较多有关。耦合水库群参数化方案后，受水库渗漏的影响，流域水库密集区域的土壤相对含水量总体上增加趋势相对显著，增加幅度可达 1.5％以上，而水库稀疏地区土壤含水量的增加则不明显，部分地区呈减少趋势。

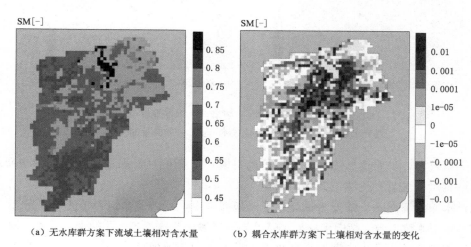

(a) 无水库群方案下流域土壤相对含水量　　　(b) 耦合水库群方案下土壤相对含水量的变化

图 4.46　无水库群参数化方案情形和耦合水库群参数化方案两种情景下
鄱阳湖流域多年平均土壤相对含水量的变化量

4.4.5　蒸散发

鄱阳湖流域的实际蒸散发可分为土壤蒸散发和水面蒸发两部分。无水库群参数化方案和耦合水库群参数化方案两种情景下鄱阳湖流域实际蒸散发的时间分布如图 4.47 所示。结果显示，鄱阳湖流域多年平均实际蒸散发为 839mm。蒸散发的年内分布受温度影响强烈，其中 6 月蒸散发最大，1 月蒸散发最小。耦合水库群参数化方案后，流域多年平均实际蒸散发增加了 0.3％，其中 6—11 月增加幅度最大。

无水库群参数化方案和耦合水库群参数化方案两种情景下鄱阳湖流域多年平均实际蒸散发的空间分布如图 4.48 所示。结果显示，鄱阳湖流域的实际蒸散发高值位于鄱阳湖，其次是流域南部山区，流域西部山区的实际蒸散发最小。耦合水库群参数化方案后，流域绝大部分地区蒸散发量增加，尤其是大型水库所在位置增加幅度明显，日增幅可达 0.5mm（20％）以上。

相对于无水库群参数化方案情景，耦合水库群参数化方案后蒸散发的增加主要有以下两点原因：

（1）土壤相对含水量增加（4.4.4 节）引起土壤蒸散发增加。

（2）纳入的水库水面面积增加了流域水面面积，进一步造成水面蒸发量的增加。

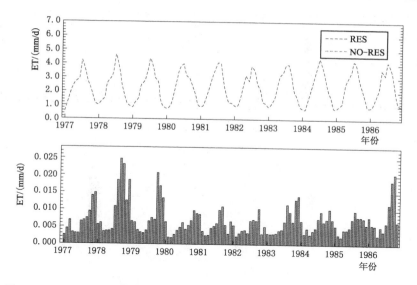

图 4.47　无水库群参数化方案（NO‐RES）和耦合水库群参数化方案（RES）
两种情景下鄱阳湖流域实际蒸散发的模拟值（上）和变化量（下）

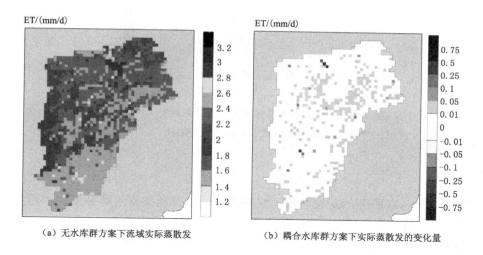

（a）无水库群方案下流域实际蒸散发　　　　（b）耦合水库群方案下实际蒸散发的变化量

图 4.48　无水库群参数化方案情形下鄱阳湖流域实际蒸散发和耦合水库群
参数化方案后相对于无水库情景实际蒸散发的变化量

　　为了进一步区分土壤蒸散发和水面蒸发对流域蒸散发变化量的贡献，图 4.49 描绘
了耦合水库群参数化方案前后鄱阳湖流域土壤蒸散发变化量。结果显示，耦合水库群
参数化方案后，土壤蒸散发量的增加主要集中于土壤相对含水量增加的区域（4.4.4
节）。相比无水库群参数化方案情景，耦合水库群参数化方案情景下的流域多年平均土
壤蒸散发增加了 0.2％，该增加量约占流域蒸散发增加量的 6％，而水库水面面积增加
造成的水面蒸发量增加占流域蒸散发增加量的 94％，表明水库蒸发对流域蒸散发增加
贡献较大。

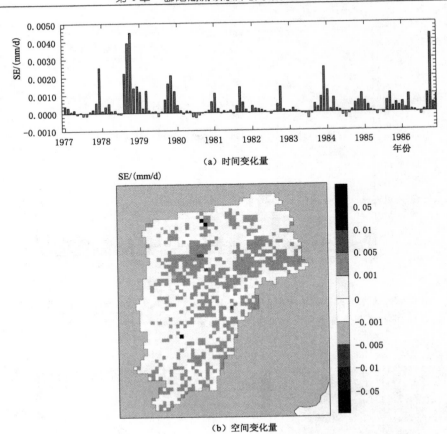

图 4.49　耦合水库群参数化方案前后相对于无水库情形
鄱阳湖流域土壤蒸散发变化量

4.4.6　小结

本节以 1979—1986 年为研究时段，利用改进的陆面水文双向耦合模式，建立无水库和有水库两种模拟情景，模拟大中小型水库群影响下鄱阳湖流域水文要素相对于无水库情景下的变化趋势，探究鄱阳湖流域现有水库群水文效应。获得的主要结论包括：

（1）水库群使鄱阳湖流域丰水期径流减少 2.5%～7.2%，使少水期径流增加 6.6%～24%，多年平均径流量减少 0.5%～3.0%，该减少受水库蒸发、水库渗漏和地表水-地下水交换量等多种要素共同钳制。

（2）水库群使鄱阳湖流域地下水位平均上升 20mm，其中水库密集区域的地下水位升高较明显，幅度可达 50～500mm，且抬升幅度以 4mm/10a 的速率持续增加；地下水抬升的直接原因是水库渗漏至饱和带。

（3）水库群加大了鄱阳湖流域地下水对地表水的补给量（0.6%），其中水库密集区域的增加幅度尤其是大型水库附近较显著，增加幅度可达 15% 以上。其直接原因是水库渗漏导致地下水位抬升，增加了地下水与地表水的水头差，在流域层面上表现为地下水对地表水补给量的增加。

（4）水库群使鄱阳湖流域平均土壤相对含水量略微增加，增加幅度约为 0.4%，且水库密集区域的增加幅度更显著，增加幅度可达 1.5% 以上，其主要原因是水库渗漏的一小部分水量储存于非饱和带中，提高了非饱和带的储水量，同时地下水位抬升导致指向土层的水汽扩散作用增强。

（5）水库群使鄱阳湖流域多年平均实际蒸散发增加了 0.3%，其中大型水库附近增加明显，日增幅可达 20% 以上。在蒸散发的总增量中，土壤蒸散发的增加量约占 6%，而水库水面面积增加造成的水面蒸发量增加占 94%，表明水库蒸发对流域蒸散发增加贡献较大。

4.5 水库群布局方式对下游河道水文情势的影响

在水库规划案例中，待建水库（群）的"库容分布"是需要决策的重要内容之一。库容分布问题是指，对于下游某一控制断面，在总库容相差不大的情形下，建造一个大型水库还是建造多个小型水库更有利。针对这个问题，Ziv 等[133]的研究指出，与在支流上建造很多小型水库相比，在干流上建造几座大型水库的效益和生态友好性更高，而 Naiman 和 Scudder 等[134-135]则持相反观点。近来 Ehsani[58]指出，相比小型水库群，同等库容的大型水库的调蓄能力更强。然而，该研究中大型水库的多年平均入流量显著大于小型水库群之和，因此大型水库更强的调蓄能力是源于库容分布还是径流量较大仍未有定论。另一方面，水库的修建位置也是决策的内容之一，Liu 等[136]在最新的研究中发现，当同一座水库与某一下游断面的距离越近时，越能够增加该断面处的防洪效益。然而，当水库与下游断面的距离越近时，水库的多年平均入流量也同步增加，因此该研究没有区分水库相对下游断面的位置和多年平均入流量的影响。

总体而言，水库群布局方式，即库容分布、多年平均入流量以及相对下游断面的位置影响下游河道水文情势的一般性规律尚未厘清。因此，本节以鄱阳湖流域为代表研究区，以流域内的大中型水库群为研究对象，利用耦合水库群参数化方案的陆面水文耦合模式 CLHMS 模拟不同水库群布局方式下的径流过程，采用水文变异指标法（IHA）定量分析不同水库群布局方式对下游水文情势的影响。

需要特别指出的是，水库（群）的实际规划需要从技术、经济、社会、环境等多方面进行论证，本节的目的不是为了评估鄱阳湖流域当前水库群布局的合理性，而是旨在利用鄱阳湖流域空间范围广、下垫面特征多样、水库数目众多的特点，揭示水库群布局方式影响水文情势和径流调蓄的普适性规律，从水文视角为鄱阳湖流域以及全球不同区域的水资源规划提供一定参考，是基于陆面水文耦合模式的一项拓展性应用。

4.5.1 水库群布局情景设置

本节的研究时段为 1981—1999 年，此时段流域大多数大中型水库已投入运行。受鄱阳湖流域小型水库数量和资料以及研究时段的限制，本节只考虑流域内 2000 年之前建成的大中型水库。一共构建 8 个水库群布局情景（表 4.11），采用控制变量的方法，在保证水库群的总库容不变的情形下，分别考察水库群不同库容分布、水库群多年平均入流量以及相对下游断面的位置对赣江外洲站、抚河李家渡站和信江梅港站的水文情势的影响，总结普适性规律。

表 4.11　　　　　　　　　　　**8 个 水 库 群 布 局 情 景 及 布 局 方 式**

情景名称	水 库 群 布 局 方 式	情景名称	水 库 群 布 局 方 式
无水库	移除所有水库	增加入流	增加所有水库的多年平均入流量
当前水库	现有水库群	减少入流	减少所有水库的多年平均入流量
只有中型水库	将所有大型水库替换成中型水库	移至下游	所有水库移动到流域下游区域
只有大型水库	将所有中型水库替换成大型水库	移至上游	所有水库移动到流域上游区域

作为参照，首先设置了无水库对照情景，该情景通过关闭模式的水库群参数化方案来模拟流域所有水库被移除的情景下的流域水文情势。"当前水库"情景通过耦合当前水库群的参数化方案，考察了现有水库群对流域水文情势的影响。

为了评估水库群库容分布的影响，设置了"只有中型水库"的假设情景，将鄱阳湖流域各子流域内的大型水库替换为总库容相同的中型水库群，每个中型水库的库容设为 $1 \times 10^7 \mathrm{m}^3$，每个虚拟水库的参数，如特征库容、多年平均入流，根据虚拟水库的库容按比例分配。同时设置了"只有大型水库"的假设情景，将各子流域内的中型水库聚合为一个总库容相同的大型水库。每个虚拟水库的参数，如特征库容、多年平均入流，由原来各水库相加确定。在保证水库多年平均入流量符合设定的情况下，每个虚拟水库的位置通过随机算法生成（图 4.50）。

为了评估水库群多年平均入流量的影响，设置了"增加入流"的假设情景，将各子流域内的大中型水库移动到年平均径流量更大的邻近网格。设置了"减少入流"的假设情景，将各子流域内的大中型水库移动到年平均径流量更小的邻近网格。两种情形下水库群的总多年平均入流量分别增加和减少了约 30%。由于水库是只是在邻近网格之间移动，水库位置的影响可以忽略不计。

最后，为了评估水库群位置的影响，设置了"移至下游"的假设情景，将各子流域内的大中型水库移动到各子流域的下游区域。同时设置了"移至上游"的假设情景，将各子流域内的大中型水库移动到各子流域的上游区域。在保证各水库多年平均入流量不变的情况下，每个虚拟水库的位置通过随机算法生成（图 4.61）。

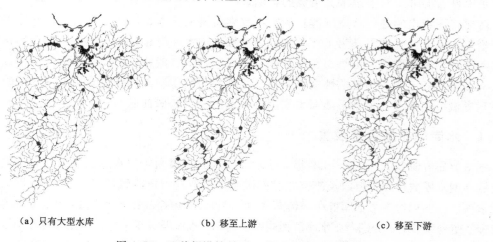

　　（a）只有大型水库　　　　　　　　　　（b）移至上游　　　　　　　　　　（c）移至下游

图 4.50　三种假设情景下，大型水库的位置分布

4.5.2　水库群不同布局方式对下游河道水文情势的影响规律分析

利用耦合水库群参数化方案的陆面水文模式对上节所构建的 8 个水库群布局情景下赣江外洲站、抚河李家渡站和信江梅港站的水文情势进行模拟，模拟时段为 1981—1999 年。以无水库情景为对照情景，根据 IHA 指标的相对变化来量化水库群不同布局方式对下游河道水文情势的影响。在本节中，定义径流量最大的 5 个月（3—7）月为丰水期，其余的 7 个月（8 月至次年 2 月）为少水期。

4.5.2.1　现有水库群

数十年以来，鄱阳湖流域内已陆续在上中下游、各干支流建成大中小型水库上万余座，其中大中型水库两百余座。这些水库服务于水力发电、灌溉，供水、航运、生态等目标，通过调蓄径流为当地的社会经济发展带来了显著的效益。

图 4.51 展示了现有大中型水库群对赣江、抚河和信江下游水文站的水文情势的影响。在当前水库群情景下，赣江、抚河和信江的多年平均月径流量在整个丰水期与无水库情景相比减少了 5.2%，而在少水期增加了 9.0%（指标 1~12，见表 2.1）。三个水文站的年最大 1、3、7、30、90 天平均流量与无水库情景相比分别下降了 12.1%、11.7%、10.9%、8.6% 和 7.9%，三个水文站的年最小 1、3、7、30、90 天平均流量与无水库情景相比分别增加 111%、111%、105%、75.4% 和 32.6%（指标 13~23，见表 2.1）。

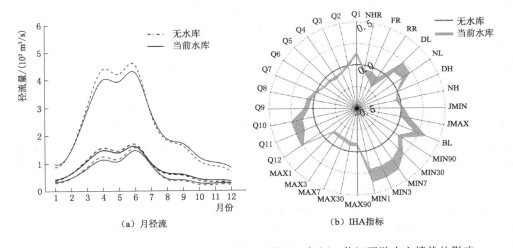

图 4.51　相对于无水库情景，当前水库群对赣江、抚河、信江下游水文情势的影响

在现有水库群的调蓄下，最大流量和最小流量的发生时间被推迟或保持不变（指标 24~25）。三条河流的高流量事件的发生频率降低了 1.9%~4.5%，而低流量事件的发生频率增加，且持续时间延长（指标 26~29）。日径流变化率也有所降低，日径流的平均增加速率、减少速率，以及径流拐点的次数都降低了 5%~20%。

上述模拟结果与全球多个区域水库群相关研究的结论一致，进一步表明了鄱阳湖流域现有的水库群可以有效地调蓄径流，具有削减洪峰和缓解干旱的能力，是减少水资源时空分布不均匀性的有力工具[30,56-65]。鄱阳湖流域水库群同时也可能引起其他部分水文特性的变化，例如推迟年最大流量和最小流量的出现日期，增加低流量事件的发生频率和持续时间，减少高流量事件的发生频率，以及降低日径流的变化率[58]。

然而，本节研究也包括部分与现有文献不一致的结果。例如，Zhang 等[66]基于实际观测发现在北京密云水库的调蓄过程中，高流量事件的发生频率普遍增加，且日径流的变化率呈现交替增加和减少的趋势。其原因可能在于，密云水库实时多目标的调度方式兼顾了北京市不断变化的用水需求，其复杂程度较高，很难利用简单的概念性蓄泄规则实现参数化表达。

4.5.2.2　水库群的库容分布

在其他条件相同的情况下，单个大型水库的径流调蓄能力普遍强于单个小型水库[133]。然而，对于单个大型水库和总库容相同的小型水库群，两者对下游水文情势可能存在不同的影响规律。本节以此为出发点，通过考察水库群不同库容分布情景下下游断面 IHA 指标的变化量来分析水库群库容分布对下游河道水文情势的影响规律。

图 4.52 展示了水库库容分布对赣江、抚河、信江下游河道水文情势的影响。在多年平均月径流量方面，如果中型水库都被几个大型水库代替，则月径流量在一年中的分布会更均匀。对于只有中型水库、当前水库和只有大型水库情景，三个水文站在少水期的平均径流分别增加了 9.5%、12.6% 和 15.6%，而在丰水期分别减少了 4.0%、4.8% 和 5.8%（指标 1～12，见表 2.1）。相对于无水库情景，只有大型水库情景下三个水文站的年最大 1 天和 3 天平均流量分别减少了 20.6% 和 19.0%，只有小型水库情景下分别减少了 10.2% 和 9.9%，当前水库情景下则分别减少了 12.1% 和 11.7%（指标 13～17）。同样，只有大型水库情景下的年最大 1、3、7、30、90 天平均流量分别增加了 131%、129%、125%、92.3% 和 36.7%，远高于只有小型水库情景下的增加幅度（指标 18～23）。

用许多较小的水库代替几个较大的水库，会延迟最大流量和最小流量的出现时间（指标 24～25），减少低流量事件的发生频率和持续时间，但会增加高流量事件的发生频和持续时间（指标 26～29）。只有大型水库情景的日径流的平均增加速率、减少速率和径流拐点发生次数减少了 36.0%、28.3% 和 9.2%，而只有小型水库情景下仅分别减少了 13.0%、6.2% 和 3.7%（指标 30～32，见表 2.1）。

上述模拟结果表明，如果总库容相同且总的多年平均入流量相同，少数几个大型水库相比许多小型水库将能够更显著地减少水资源的时空分布不均匀性，并能更大幅度地减少下游地区的水文极端事件。

因此，从径流调蓄的高效性这一角度来看，一个相对较大的水库可能比一群较小的水库的优势更大。目前，受设计寿命、水文情势改变等多方面限制，全世界很多地区（如美国东部）的小型水库面临拆除、加固或改建。从水文水资源视角来看，用大型的水库代替小型水库群可以进一步提高其调蓄径流的能力；从生态水文的视角来看，大型水库也具有一些小型水库群不具有的优势，例如，少水期径流量是维持水生群落关键要素之一[59]，而少数几个大型水库比小型水库群能更显著地维持并增加少水期径流量。同时，小型水库群也会降低河流的连通性，并为生物和有机质的迁移带来了困难[45]。

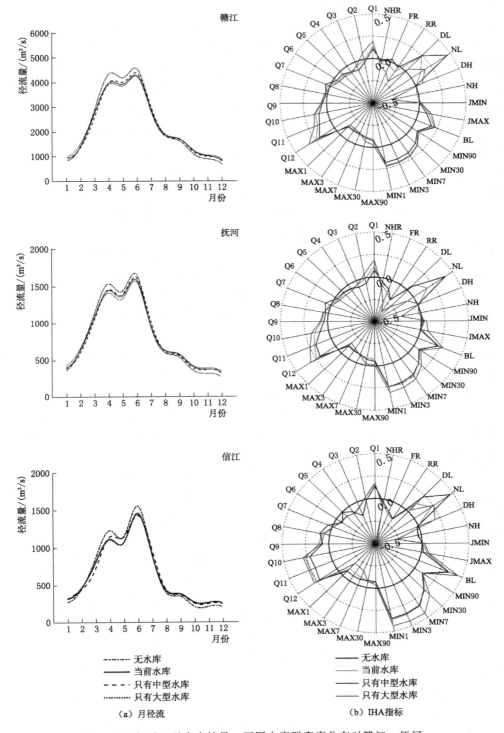

图 4.52 相对于无水库情景，不同水库群库容分布对赣江、抚河、
信江下游水文情势的影响（月径流和 IHA 指标）

然而，用大型水库代替小型水库群也会带来一些生态方面的劣势。例如，本节的研究结果表明，大型水库相比小型水库群可以更大幅度地减少高流量事件的发生频率，然而这不利于有机质的转移，可能给水生生物寻找合适的繁殖区域带来一定困难，最终导致水生物种数量减少[59]。相比小型水库，大型水库能更加显著地减少日径流的变化率，而径流量变化幅度的减小可能会将水生生物截留在岛屿和洪泛平原上[137]。此外，大多数大型水库的深度较深，容易形成热分层，这会破坏水流的热力状态从而影响水生生物的生长[138]。从工程的角度来看，建造小型水库通常比建造大型水库更为可行，因为小型水库的成本较低且位置分布更分散，这使得它们能够方便地满足当地的用水需求，而无需额外抽水或通过明渠或管道远距离传输水资源[139]。

4.5.2.3　水库多年平均入流量

一般而言，湿润地区水系发达，河流密布。例如，鄱阳湖流域部分地区河网密度可以达到 $1km/km^2$ 以上[140]，在一个小区域内，可能会有多个径流量不同的河段适合于建造水库。本节以此为出发点，通过考察水库群不同多年平均入流量情景下下游断面 IHA 指标的变化量来分析水库群多年平均入流量对下游河道水文情势的影响规律。

图 4.53 展示了水库多年平均入流量对下游河道水文情势的影响。对于三个水文站，多年平均入流量较大的水库能更显著地调节年径流、增加少水期流量、减少丰水期流量、减少年最大平均流量，增加年最小平均流量（指标 1～23）。

与多年平均入流量较小的水库相比，多年平均入流量较大的水库可以一定程度上推迟年最小流量和年最大流量的发生时间（指标 24～25）。多年平均入流量较大的水库会更显著的增加低流量事件的发生频率，而高流量事件的频率以及高流量和低流量事件的持续时间则没有明显变化（指标 26～29）。在不同情景之间，日径流平均增加速率和减少速率的差异可以忽略不计，而多年平均入流量较大的水库与径流量较小的水库相比，径流拐点的发生次数增加了 7.0%（指标 30～32）。

上述模拟结果表明，水库的多年平均入流量越大，其调节下游断面的月径流过程、减轻极端水文事件的能力越强，即使这表明水库的调节系数有所降低。这意味着从水文水资源视角来看，在干流中以模式建造水库比在支流中以并联模式建造水库更为合理，或者可以优先考虑径流量较高的河段中水库。本节的研究结果进一步推广了 Liu 等[136]的结论：将水库从雅砻江的上游干流向下游移动时防洪效益的增加可能是由于多年平均入流量增加，而不是因为水库的位置更靠近下游断面。

在生态方面，如 4.5.2.2 节所述，多年平均入流量较大的水库可以更显著地增加少水期径流量，从宏观的生态流量角度来看可能具有一定生态优势。多年平均入流量较大的水库可能会增加低流量事件地发生频率，从而影响土壤湿度、厌氧环境和洪泛区生境，这些变化对某些物种有利，而对另一些物种则可能不利[141]。

4.5.2.4　径流量和库容分布综合分析

4.5.2.2 节评估了在总的多年平均入流量相同的情形下水库库容分布对下游水文情势的影响。为了进一步评估不同多年平均入流量情形下水库库容分布的影响，选取了水库库容分布（4.5.2.2 节）和水库多年平均入流量（4.5.2.3 节）中的部分结果进行联合分析。图 4.54 比较了三个水文站在增加入流情景（即增加当前所有水库的多年平均入流量）和

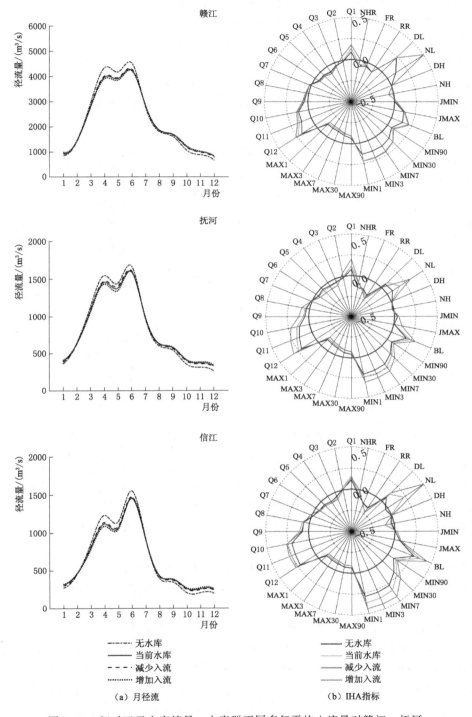

图 4.53 相对于无水库情景，水库群不同多年平均入流量对赣江、抚河、
信江下游水文情势的影响（月径流和 IHA 指标）

只有大型水库情景（即当前所有水库聚合成几个较大的水库）下的下游河道水文情势，其中将只有大型水库情景作为参照［图 4.56（b）］。

结果表明，在两种情况下，特别是对于赣江和抚河，指标 1～23 的值相似，表明这两个水库群的布局方式对下游水文情势的影响相似，尤其是在增加少水期径流、减少丰水期径流、减少年最大平均流量，以及增加年最小平均流量方面。另一方面，与只有大型水库情景相比，增加入流情景在所有三个水文站引起了更多的高流量和低流量事件，同时增加了日径流变化率（指标 28～32）。

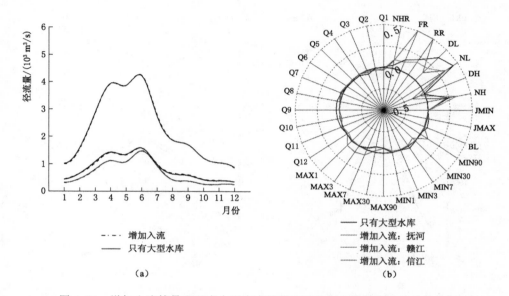

图 4.54　增加入流情景和只有大型水库情景对下游水文情势影响的比较结果

上述对水库库容分布和多年平均入流量的综合比较结果表明，与具有相同总库容和相同总多年平均入流量的小型水库群相比，少数几个大型水库可以更显著地将调蓄径流、减少水文极端事件。然而，当小型水库群的总的多年平均入流量比这些大型水库大很多的情况下，这一结论不再成立，这是因为水库多年平均入流量大的水库可以更显著地将调蓄径流以及减少洪旱极端事件的发生频率。

对于赣江和抚河来说，上述结果表明，将小型水库群的多年平均总径流量增加约30%（即"增加入流"情景），小型水库群可能比少数较大水库的调节能力更强。这一结论可以为相关的水文模拟研究提供参考，如 4.3.3.1 节基于聚合水库的集总式库-河拓扑关系，它们均将大量小型水库聚合到下游的一个大型水库中来量化它们的影响。本节的研究结果表明，当且仅当这些小型水库的多年平均总径流量比聚合水库大得多时，聚合水库才能较好地反映小型水库的影响。否则，小型水库群对下游水文情势的影响可能会被高估。同样，我们的发现进一步推广了 Ehsani[58] 的结论：如果一个较小的水库的多年平均入流量要比较大的水库大得多，那么该小水库可能比大水库对下游水文情势得影响更大。

此外，如 4.5.2.2 节所述，在生态方面，相比多年平均入流量足够大的小型水库群，少数几个大型水库更显著地减少了高流量事件和低流量事件地发生频率、降低了日径流的变化率。若仅从这一角度出发，该结果表明年平均径流量足够大的小型水库群可能具有更多的生态效益。

4.5.2.5 水库相对下游断面的位置

针对某一下游控制断面，水库往往存在多个可行且径流条件相似但是与下游断面距离不同的潜在建设地点。本节以此为出发点，通过考察水库群不同位置情景下下游断面 IHA 指标的变化量来分析水库群相对下游断面的位置对下游河道水文情势的影响规律。

图 4.55 展示了水库相对下游断面的位置对赣江、抚河、信江下游河道水文情势的影响。对于赣江和信江，水库群的位置越靠上游，水文站少水期的月径流量相对于无水库情景增加得越多，而丰水期月径流量则减少的越多，尽管不同情景之间的差异很小（指标 1~12）。同样，当所有水库都位于赣江和信江上游时（指标 13~17），年最大平均流量的减小幅度和年最小平均流量的增加幅度更大。例如，相对于无水库情景，水库在上游时赣江的年最大 1 天流量下降了 14.5%，在当前水库情景下下降了 13.6%，而水库在下游时下降了 13.0%（指标 18~23）。

抚河与赣江和信江的结果并不完全一致，抚河的结果表明在下游建造水库能更显著地调节年径流、增加少水期流量、减少丰水期流量、减少年最大平均流量，增加年最小平均流量（指标 1~23）。例如，相对于无水库情景，当水库在上游时年最大 1 天流量下降了 12.1%，在当前水库情景下下降了 12.0%，当水库在下游时下降了 12.5%（指标 18~23）。

对于所有三个水文站，将水库移至上游或下游时，最大流量和最小流量、高流量和低流量的发生时间没有明显变化或明显规律（指标 24~29）。日径流变化速率也是如此，日径流平均增加速率、减少速率和径流拐点的发生次数没有明显变化（指标 30~32）。

将水库移动到流域下游和上游区域而不改变其多年平均入流量，上述模拟结果显示，大部分 IHA 指标的变化幅度不明显，表明位置不同但平均径流量相似的情形对下游断面水文情势的影响相对较小，对水库调蓄水资源和防洪抗旱的能力没有明显影响。虽然将水库移动到赣江和信江上游会稍微增强水库调蓄下游断面径流过程、减少下游断面水文极端事件的能力，但在抚河得到的结果正好相反。这些现象进一步表明水库群位置对水文情势的影响大小可能更加取决于当地自然地理条件，而不一定存在一个一般性的规律。

在水生态方面，由于各河流自然条件和生态特性不同，移动水库的位置对下游水文情势的影响可能会因地而异。如果仅从生态流量的角度出发，上述结果表明，水库的不同位置对下游断面的影响可能不明显。

4.5.3 鄱阳湖流域及其他地区水库群规划的参考信息

由于鄱阳湖流域的空间跨度较大、下垫面特征多样、水库数目众多，可以认为本节的研究结论在统计意义上具有一定程度的普适性，可以帮助揭示水库群布局方式即库容分布、相对下游断面的位置，以及多年平均入流量影响下游水文情势的一般性规律。

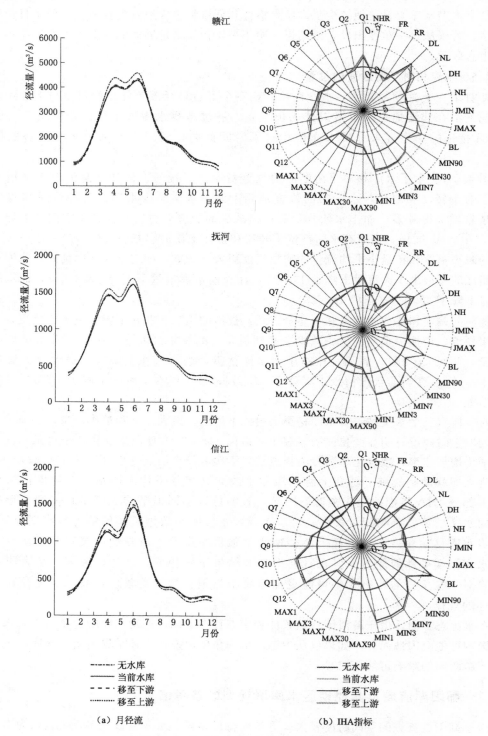

图 4.55　相对于无水库情景，水库群相对下游断面的不同位置对赣江、抚河、
信江下游水文情势的影响（月径流和 IHA 指标）

然而，同时应该指出的是，本节中水库蓄泄是基于概念性的水库蓄泄规则，它是实际水库调度过程的简化。水库调度的实时决策过程通常需要在结合人工经验的基础上考虑来水预测、用水需求、潜在风险等方面。不断的信息更新和数据同化使水库调度过程具有较大的不确定性，给从历史资料中模拟实际蓄泄规则带来了挑战[142]。即使可以从水库管理部门获得水库实际的蓄泄规则，在水文模型中模拟水库入库量仍然会受到模型参数、结构等方面造成的不确定性和误差的影响，最终反映到水库蓄泄的模拟中。基于这些原因，本节得到的水库群对下游水文情势的影响规律仍不可避免地具有一定的不确定性。

尽管一定程度上存在上述不确定性，本节对耦合水库群参数化方案的 CLHMS 模式验证结果表明，其可以有效模拟水库地蓄泄过程和下游径流的变化过程，是模拟水库布局情景对下游水文情势影响的有效工具。此外，在本节的研究中，由于在不同的情景下水库的蓄泄方式相同，统一采用基于特征水位的概念性蓄泄规则，因此在多个水库群布局情景之间进行比较时，与蓄泄规则相关的不确定性可以在很大程度上被抵消。因此，本节所采用的模拟框架，包括 CLHMS 陆面水文模型、水库群参数化方案和情景设计方法，总体上可以为不同水库群布局方式影响下游水文情势的一般性规律可以从水文视角为鄱阳湖流域和全球不同地区的水资源开发和规划提供有用的信息。

4.5.4 小结

本节以鄱阳湖流域为代表研究区，以流域内 24 个大型水库和 215 个中型水库组成的大中型水库群为研究对象，通过构建 8 个不同水库群的布局方式情景，利用耦合水库群参数化方案的陆面水文模式 CLHMS 和水文变异指标法（IHA）定量分析不同水库群布局方式对下游水文情势的影响。

需要特别指出的是，水库（群）的实际规划需要从技术、经济、社会、环境等多方面进行论证，本节的目的不是为了评估鄱阳湖流域当前水库群布局的合理性，而是旨在利用研究区域空间跨度较大、水库数量较多的特点，揭示水库群布局方式影响水文情势和径流调蓄的一般性规律，从水文视角为鄱阳湖流域的水利工程规划以及全球不同区域的水资源规划提供一定参考。获得的主要结论包括：

（1）鄱阳湖流域中的现有水库群可以显著降低水资源年内变化的不均匀性，减少洪旱事件的发生频率，保障当地经济可持续发展。具体来说，这些水库可以显著地减少丰水期径流量，增加少水期径流量，削减洪峰，推迟年最大流量和最小流量的出现日期，增加低流量事件的发生频率和持续时间，减少高流量事件的发生频率，以及降低日径流的变化率。

（2）当总库容和多年平均入流量均相同时，少数几个大型水库能比许多小型水库更显著地减少水资源的时空分布不均匀性和下游地区的水文极端事件，能更大幅度地减少高流量事件的发生频率和日径流的变化率。

（3）多年平均入流量越大的水库能够越显著地减少丰水期流量，增加少水期流量，能越显著地减少下游地区的水文极端事件、推迟年最小流量和年最大流量的发生时间、增加低流量事件的发生频率。

（4）若小型水库群的多年平均总径流量显著大于总库容相同的大型水库（对于鄱阳湖

流域来说，"显著"代表在 30% 以上），则小型水库群的月径流和洪枯水调蓄能力将接近甚至超越大型水库，然而它们减少高流量事件、低流量事件发生频率，以及日径流变异性的能力仍然不如大型水库。这一结论可以为利用"聚合水库"概化水库群影响的相关研究提供参考，即只有当小型水库群的多年平均入流量显著大于聚合水库时，两者的影响才可能等效。

（5）将水库移动到多年平均入流量相似的其他位置，对水库调蓄水资源和防洪抗旱的能力没有明显影响。相比水库库容分布和多年平均入流量，下游水文情势对水库位置的敏感性较低。

（6）本节研究结果总体上可以从水文视角为鄱阳湖流域和全球不同地区的水资源开发和规划提供一定参考信息。例如，从赣、抚、信三河下游地区的防洪视角来看，当大型水库径流量不显著低于小型水库群时建造大型水库可能比建造小型水库群更为合理，否则小型水库群更合理；在干流中以串联模式建造水库可能比在支流中以并联模式建造水库更为合理；在干流或者径流量较高的河段中建造水库可能更为合理；而与下游控制断面的距离远近则相对不重要。

第 5 章

研究结论与展望

　　水库是人类科学、主动地开发和利用水资源的一类重要工程，其运行和调蓄可以改变区域水文要素的时空分布，从而改变水资源形成、演化和更新的自然规律。本书分别以雅砻江流域和鄱阳湖流域为代表研究区，通过构建耦合水库群的分布式水文模型和陆面水文耦合模型，完善模式的物理机制和模拟能力，为水库群影响下水文水资源领域的研究提供工具和方法，并在此基础上考察各种情景下水库群对流域水循环要素的影响规律，所得相关结论可以完善水库群影响下流域水循环响应的知识体系，为流域水资源的可持续开发和利用提供重要的科技支撑，具有十分重要的理论意义和实用价值。主要的研究内容和成果可以归纳如下。

　　以雅砻江流域为研究区，在探究雅砻江流域水文要素时空分布规律的基础上，构建适用于雅砻江流域的 SWAT 水文模型，分析水库建成运行对径流的影响；通过设置不同水库群运行情景，定量分析水库群运行方式对径流过程的影响规律；运用暴雨重构方法，进一步研究在不同降雨特性下水库群调度对汛期径流的影响。

　　(1) 利用 M-K 检验法、倾向率法和克里金插值等方法探究雅砻江流域气温、降水和蒸发等水文要素的时空分布规律。结果表明：①在 0.01 显著性检验下，1961—2010 年雅砻江流域年平均气温呈显著上升趋势，增温速率为 0.02℃/a；年平均降水和年平均蒸发呈不显著上升趋势，增率分别为 0.14mm/a、1.29mm/a；②1958—2017 年流域汛期径流不显著减少，非汛期径流不显著增加，总体上流域年径流呈不显著减少趋势，部分原因可能是由于水利工程建成后，蒸发和下渗损失增大，人类取用水等有所增加；③气温突变时间在 2001 年，降水与径流突变时间在 2005 年，二滩建库未引起小范围气候突变；④气温、降水和蒸发自流域西北向东南逐渐增加，流域增温速率从上游至下游呈减缓趋势，降水增加趋势从中游向外逐渐减缓，蒸发以九龙站为中心向外由减少趋势逐渐增大变为增加趋势。

　　(2) 构建了雅砻江流域 SWAT 水文模型，探究锦屏一级、锦屏二级和官地三大水库建成投运对径流的影响。结果表明：①三大水库建成运行后，2015—2016 年雅砻江流域汛期径流量减少了 44.4%，最大 3 日径流量分别削减 35.9%、46.2%，年最大 1 日流量分别削减 26.5%、43.2%，年最大 1 日流量分别推迟 6 天和 62 天；②非汛期河道水量增加了 70%，最小 30 日平均流量分别提高 136.8%、241.4%，涵养指数分别提高 179.2%、285.8%，最枯月份没有发生变化。

　　(3) 通过改变水库库容和双水库联合运行方式等设置多种情景，探究了不同水库群组合方式对径流过程的影响规律。结果表明：①水库调度使径流在时间上的分布趋于均化，主要是由于汛期拦蓄水量使径流减少，非汛期增大下泄补给河道径流，且水库调度对非汛期径流影响更大；②水量较丰沛的年份，水库拦蓄汛期径流效果更好；水量较枯的年份，水库补给非汛期径流作用更强；③在雅砻江流域，库容与水库的调节能力呈一定统计关系：防洪库容平均每增加 1 亿 m^3，最大 3 日径流量减少 0.18 亿～0.57 亿 m^3，年最大 1 日流量减少 45.5～159.6 m^3/s，推迟 1.3～5 天，最小 30 日平均流量增加 5.1～34.2 m^3/s。即库容越大，水库调丰补枯能力效果越强，年最大 1 日流量和最枯月份出现的时间相应推迟。因此，在水量丰沛的流域，建议可适当增大库容以提高其调节性能。

（4）运用暴雨重构方法，改变雅砻江流域 2012 年 7 月 14 日至 2012 年 7 月 15 日这场暴雨中心、强度和雨量，探究了不同降雨特性下水库对洪水的调节能力。结果表明：①对于降雨中心在上游、降雨强度较大和降雨量较大的暴雨所引起的洪水，水库对洪峰流量的削减率分别比典型洪水提高 12.3％、2.3％和 9.3％，对最大 3 日洪量削减率分别比典型洪水提高 6.6％、1.5％和 5.1％；②对于降雨中心在上游、降雨强度较大以及降雨量较大的暴雨引起的洪水，水库调洪效果更好；同等量级暴雨引起的洪水，若发生在上游，水库调节洪水效果最好；③对于同等强度暴雨引起的洪水，若雨量较大，水库对峰现时间的调节能力较差。对于同等雨量的暴雨引起的洪水，若发生在上游或降雨强度较大，水库对峰现时间的调节能力更强。

以鄱阳湖流域为研究区，在构建鄱阳湖流域的陆面水文耦合模型的基础上，构建并验证水库群参数化方案；利用改进的模型探究鄱阳湖流域现有水库群的水文效应及其机理；通过构建不同水库群布局情景，定量考察水库群不同布局方式对下游河道水文情势的影响规律。

（1）构建了鄱阳湖流域的陆面水文耦合模型。提取并处理了 HydroSHEDS、HWSD 等多源数据，分别构建了鄱阳湖流域的陆面水文双向耦合模式 LSX－HMS 及全国范围内的数据库，并利用等效参数组、参数互相关系数矩阵和 Sobol 全局敏感性分析法对模式参数的敏感性和不确定性进行了系统分析。结果表明，地表糙率为敏感参数、河床水力传导系数为次敏感参数、深层饱和带的饱和水力传导系数、孔隙率、厚度和凋萎系数不敏感参数，发现该四个不敏感参数"异参同效"现象的直接原因是两两参数间的互相关系数较大，深层原因是其在模型中的物理作用相似，具有互相抵消或被敏感参数抵消的可能。

（2）构建并验证了水库群参数化方案及耦合方法。结合研究区资料收集、遥感水体面积提取和多元回归模型构建了模式水库数据库，提出了基于人工神经网络的数据驱动型水库蓄泄规则和基于特征水位的概念性水库蓄泄规则，构建了基于聚合水库的集总式库-河拓扑关系，提出了基于网格的分布式库-河拓扑关系，分别针对大中型水库和小型水库提出了水库群调蓄下多阻断圣维南方程组的水文模型汇流方法。修正了地表水、地下水、陆气间水分能量过程，实现了水库群参数化方案与陆面水文耦合模式 LSX－HMS 的动态耦合。结果表明：①水库库容、汛期水库水面面积和库址处的高程标准差三者之间存在较强的相关关系，在水库库容的总变差中，有 80％可以被汛期水库水面面积和库址处的高程标准差组成的回归方程所解释；②水库出流量序列与滞后天数为 0 和－1 的入流量序列、滞后天数为－1 的水库蓄水量序列、滞后天数为－1 的水库出流量序列和滞后天数约为－90 的月份序列相关性较高；③基于人工神经网络的水库蓄泄规则的模拟效果相对较好，然而资料需求高，缺乏物理意义，扩展性相对一般，基于特征水位的概念性水库蓄泄规则的总体模拟效果相对稍差，但资料需求较少、物理意义明确、结构清晰，同时扩展性相对较好；④基于聚合水库和网格的两种库-河拓扑关系的水库群参数化方案均可以提高模式的径流模拟效果，然而前者具有不合理的气候水文效应，不适用于陆气耦合研究。

（3）探究了鄱阳湖流域现有水库群的水文效应及其机理。利用改进的陆面水文耦合模式 CLHMS，模拟水库群扰动下的流域水循环演变过程，探究现有水库群对鄱阳湖流域水循环要素不同时空尺度下的影响规律和机理。结果表明：①水库群使流域丰水期径流减少 2.5%～7.2%，使少水期径流增加 6.6%～24%，使多年平均径流量减少 0.5%～3.0%；使流域地下水位平均上升 20 mm，水库密集地区升幅可达 50～500 mm；使流域地下水对地表水的补给量平均增加 0.6%，水库密集地区增幅可达 15%以上；使流域平均土壤相对含水量略微增加 0.4%，水库密集地区增幅可达 1.5%以上；使流域多年平均实际蒸散发增加 0.3%，大型水库附近增加增幅可达 20%以上；②水库调蓄、蒸发、渗漏、水面面积变化等过程与流域气象要素和水文要素的变化紧密相关。

（4）识别了水库群不同布局方式对下游河道水文情势的影响规律。进一步利用改进的陆面水文双向耦合模式 LSX－HMS 设置了多组对照实验，引入了径流、洪枯水等生态水文变异指标，考察了水库库容分布、多年平均入库流量、相对下游断面的位置与下游河道水文情势的相关关系，揭示了水库群布局方式影响水文情势和径流调蓄的一般性规律。结果表明：①鄱阳湖流域中的现有水库群可以显著降低水资源年内变化的不均匀性，减少洪旱事件的发生频率，同时一定程度上推迟年最大流量和最小流量的出现日期，增加低流量事件的发生频率和持续时间，减少高流量事件的发生频率，以及降低日径流的变化率；②如果多年平均径流量均相同，大型水库能比总库容相同的小型水库群更显著地减少水资源的时空分布不均匀性和下游地区的水文极端事件，能更大幅度地减少高流量事件的发生频率和日径流的变化率；③多年平均径流量越大的水库能够越显著地降低水资源年内变化的不均匀性、减少下游地区的水文极端事件、推迟年最小流量和年最大流量的发生时间、增加低流量事件的发生频率；④若小型水库群的总多年平均径流量显著大于总库容相同的大型水库（对于鄱阳湖流域来说，"显著"代表大 30%以上），则小型水库群的月径流和洪枯水调蓄能力将接近甚至超越大型水库，然而它们减少高流量事件、低流量事件发生频率，以及日径流变化率的能力仍然不如大型水库；⑤将水库建造在多年平均径流量相似的不同位置对水库调蓄某一下游断面水资源和极端水文事件的能力没有明显影响。

在上述结论的基础上，结合国内外研究热点，未来将进一步开展以下方面的研究：

（1）基于大数据的水库蓄泄过程智能模拟。虽然本书构建的基于 BP 神经网络和特征水位的蓄泄规则能相对较好地实现水库蓄泄过程的模拟，但其模拟精度仍有一定改进空间。后期将基于大数据手段，发展融合遥感图像的蓄水量智能识别技术，开展水库蓄泄过程智能模拟与循环同化方面的研究，拓展本书相关结论的可靠性和普适性。

（2）水库群影响下的洪水模拟及预报研究。本书多关注基于日尺度的径流过程和长时段的水文模拟开展研究。防汛是水库群的主要功能之一，水文极值事件也是水文学的重要研究范畴，后期将聚焦小时尺度和次洪尺度，进一步开展水库群运行调蓄对流域洪水事件的影响研究，从而提高洪水预报精度。

　　（3）水库群影响下的陆气互馈机制研究。针对本书所构建的水库群参数化方案，未来将基于大气模式和陆面水文模型的双向耦合框架，开展陆-气-水-库全耦合模拟，通过定量识别水库群影响下陆气过程演变特征及驱动机制，实现水库群影响下大气水文效应多要素的模拟和预报，为区域水资源的可持续开发和利用提供支撑。

参 考 文 献

[1] 秦大庸，陆垂裕，刘家宏，等．流域"自然-社会"二元水循环理论框架 [J]．科学通报，2014，(4)：419 - 427.

[2] 王浩，贾仰文．变化中的流域"自然-社会"二元水循环理论与研究方法 [J]．水利学报，2016，47 (10)：1219 - 1226.

[3] CRAWFORD N. H., LINSLEY R. E. Digital simulation in hydrology: Stanford watershed model IV [J]. Evapotranspiration, 1966, 39.

[4] US Army Corps of Engineers (USACE). HEC - 1 Flood Hydrograph Package User's Manual [R]. Hydrologic Engineering Center (HEC), 1998.

[5] 赵人俊．流域水文模拟 [M]．北京：水利电力出版社，1984.

[6] SIVAPALAN M. Computer Models of Watersheld Hydrology [M]. Water Resources Publication, Colorado, 1995.

[7] 芮孝芳，朱庆平．分布式流域水文模型研究中的几个问题 [J]．水利水电科技进展，2003 (3)：56 - 58.

[8] 熊立华，郭生练，田向荣．基于 DEM 的分布式流域水文模型及应用 [J]．水科学进展，2004 (04)：517 - 520.

[9] ABBOTT M. B., BATHURST J. C., CUNGE J. A., et al. An introduction to the European Hydrological System—Systeme Hydrologique Europeen, "SHE", 2: Structure of a physically - based, distributed modelling system [J]. Journal of Hydrology, 1986.

[10] WOOD E F, LETTENMAIER D P, ZARTARIAN V G. A Land Surface Hydrology Parameterization with Sub - Grid Variability for General Circulation Models [J]. J. geophys. res. d, 1992, 97 (D3).

[11] KINIRY J. R., WILLIAMS J. R., Srinivasan R.. Soil and Water Assessment Tool User's Manual [R], 2000.

[12] ZHANG N, HE H M, ZHANG S F, et al. Influence of Reservoir Operation in the Upper Reaches of the Yangtze River (China) on the Inflow and Outflow Regime of the TGR - based on the Improved SWAT Model [J]. Water Resources Management, 2012, 26 (3): 691 - 705.

[13] ABBASPOUR K C, YANG J, MAXIMOV I, et al. Modelling hydrology and water quality in the pre - alpine/alpine Thur watershed using SWAT [J]. Journal of Hydrology, 2007, 333 (2): 413 - 430.

[14] STONE M C, HOTCHKISS R H, HUBBARD C M, et al. Impacts of Climate Change On Missouri River Basin Water Yield [J]. Jawra Journal of the American Water Resources Association, 2010, 37 (5): 1119 - 1129.

[15] SCHILLING K E, JHA M K, ZHANG Youkuan, et al. Impact of land use and land cover change on the water balance of a large agricultural watershed: Historical effects and future directions [J]. Water Resources Research, 2008, 44 (7): 636 - 639.

[16] SCHOMBERG J D, HOST G, JOHNSON L B, et al. Evaluating the influence of landform, surficial geology, and land use on streams using hydrologic simulation modeling [J]. Aquatic Sciences, 2005, 67 (4): 528 - 540.

[17] FONTAINE T A, CRUICKSHANK T S, ARNOLD J G, et al. Development of a snowfall - snowmelt routine for mountainous terrain for the soil water assessment tool (SWAT) [J]. Journal of Hydrology, 2002, 262 (1 - 4): 209 - 223.

[18] 袁军营，苏保林，李卉，等. 基于 SWAT 模型的柴河水库流域径流模拟研究 [J]. 北京师范大学学报：自然科学版，2010，46（3）：361－365.

[19] 刘昌明，李道峰，田英，等. 基于 Dem 的分布式水文模型在大尺度流域应用研究 [J]. 地理科学进展，2003，22（5）：437－45.

[20] 张康. 水库群影响下岷江径流规律分析及中长期径流预报研究 [D]. 武汉：华中科技大学，2018.

[21] 万超，张思聪. 基于 GIS 的潘家口水库面源污染负荷计算 [J]. 水力发电学报，2003（2）：62－68.

[22] 刘梅冰，陈冬平，陈兴伟，等. 山美水库流域水量水质模拟的 SWAT 与 CE-QUAL-W2 联合模型 [J]. 应用生态学报，2013，24（12）：3574－3580.

[23] 杨巍，汤洁，李昭阳，等. 基于 SWAT 模型的大伙房水库汇水区径流与泥沙模拟 [J]. 水土保持研究，2012，19（2）：77－81.

[24] 王浩，贾仰文，杨贵羽，等. 海河流域二元水循环及其伴生过程综合模拟 [J]. 科学通报，2013，58（12）：1064－1077.

[25] 邹进，张友权，潘锋. 基于二元水循环理论的水资源承载力质量能综合评价 [J]. 长江流域资源与环境，2014，23（1）：117－123.

[26] 陈建，王建平，谢小燕，等. 考虑人类活动影响的改进新安江模型水文预报 [J]. 水电能源科学，2014，32（10）：22－25.

[27] 凌敏华，陈喜. 塘坝洼地蓄水对河川径流的影响研究 [J]. 水电能源科学，2010，28（8）：14－16.

[28] 毕婉，王建群，丁建华. 基于新安江模型的考虑超渗产流及塘坝调蓄的洪水过程模拟 [J]. 水电能源科学，2017（2）：81－84.

[29] LAURI H, MOEL H. D. , WARD, P J, et al. Future changes in Mekong River hydrology: impact of climate change and reservoir operation on discharge [J]. Hydrol Earth Syst Sci, 2012, 16: 4603－4619.

[30] WEN X, LIU, Z, LEI X, et al. Future changes in yuan river ecohydrology: individual and cumulative impacts of climates change and cascade hydropower development on runoff and aquatic habitat quality [J]. Sci Total Environ, 2018, 633: 1403.

[31] COERVER, H M, RUTTEN, M M, VAN DE GNC. Deduction of reservoir operating rules for application in global hydrological models [J]. Hydrol Earth Syst Sci, 2018, 22 (1): 831－851.

[32] EHSANI N, VOROSMARTY CJ, FEKETE BM, et al. Reservoir operations under climate change: Storage capacity options to mitigate risk [J]. J Hydrol, 2017.

[33] HANASAKI N, KANAE S, OKI T. A reservoir operation scheme for global river routing models [J]. J. Hydrol, 2006, 327 (1－2): 22－41.

[34] ZHAO G, GAO H, NAZ B S, et al. Integrating a reservoir regulation scheme into a spatially distributed hydrological model [J]. Adv Water Resour, 2016, 98: 16－31.

[35] VOISIN N, LI H, WARD D, et al. On an improved subregional water resources management representation for integration into earth system models [J]. Hydrol Earth Syst Sci, 2013, 17 (9): 3605－3622.

[36] WISSER D, FEKETE B M, VOROSMARTY C J, et al. Reconstructing 20th century global hydrography: a contribution to the global terrestrial network-hydrology (GTNH) [J]. Hydrol Earth Syst Sci, 2010, 14: 1－24.

[37] 胡彩虹，王金星. 流域产汇流模型及水文模型 [M]. 郑州：黄河水利出版社，2010.

[38] 芮孝芳，凌哲，刘宁宁，等. 新安江模型的起源及对其进一步发展的建议 [J]. 水利水电科技进展，2012，32（4）：1－5.

[39] JAYAKRISHNAN R, SRINIVASAN R, SANTHI C, et al. Advances in the Application of the SWAT Model for Water Resources Management [J]. Hydrological Processes, 2005, 19 (3): 749－

762.

[40] DOUGLAS K R, SRINIVASAN R, ARNOLD A J. Soil and Water Assessment Tool (SWAT) Model: Current Developments and Applications [J]. 2010.

[41] 芮孝芳. 水文学原理 [M]. 北京: 中国水利水电出版社, 2004.

[42] CAO M, ZHOU H, ZHANG C, et al. Research and application of flood detention modeling for ponds and small reservoirs based on remote sensing data [J]. Sci China Technol Sci, 2011, 54: 2138.

[43] DEITCH M J, MERENLENDER A M, FEIRER S. Cumulative effects of small reservoirs on streamflow in Northern Coastal California catchments [J]. Water Resour Manag, 2013, 27 (15), 5101 - 5118.

[44] HABETS F, MOLÉNAT J, CARLUER N, et al. The cumulative impacts of small reservoirs on hydrology: A review [J]. Sci Total Environ, 2019, 643: 850 - 867.

[45] LU W, LEI H, YANG D, et al. Quantifying the impacts of small dam construction on hydrological alterations in the Jiulong river basin of Southeast China [J]. Hydrol, 2018, 567: 382 - 392.

[46] GÜNTNER A, KROL M S, ARAÚJO J C D, et al. Simple water balance modelling of surface reservoir systems in a large datascarce semiarid region/Modélisation simple du bilan hydrologique de systèmes de réservoirs de surface dans une grande région semi - aride pauvre en données [J]. Hydrolog Sci J, 2004, 49 (5) .

[47] MALVERIA V T C, ARAÚJO J C D, GÜNTNER A. Hydrological impact of ahigh - density reservoir network in semiarid northeastern Brazil [J]. Journal of Hydrologic Engineering, 2011, 17 (1): 109 - 117.

[48] BUSKER T, DE ROO A., GELATI E, et al. A global lake and reservoir volume analysis using a surface water dataset and satellite altimetry [J]. Hydrol Earth Syst Sci, 2019, 23 (2): 669 - 690.

[49] ZHANG Q, XIAO M, LIU C L, et al. Reservoir - induced hydrological alterations and environmental flow variation in the east river, the Pearl river basin, China [J]. Stoch Env Res Risk A, 2014, 28 (8), 2119 - 2131.

[50] RÄSÄNEN T A, KOPONEN J, LAURI H, et al. Downstream hydrological impacts of hydropower development in the upper Mekong basin [J]. Water Resour Manag, 2012, 26 (12), 3495 - 3513.

[51] RÄSÄNEN T A, SOMETH P, LAURI H, et al. Observed river discharge changes due to hydropower operations in the upper Mekong basin [J]. Hydrol, 2017, 545: 28 - 41.

[52] LI D, LONG D, ZHAO J, et al. Observed changes in flow regimes in the Mekong river basin [J]. J Hydrol, 2017, 551: 217 - 232.

[53] HU W W, WANG GX, DENG W, et al. The influence of dams on ecohydrological conditions in the Huaihe River basin China [J]. Ecol Eng 2008, 33 (3 - 4): 233 - 241.

[54] 张峰远. 大伙房水库运行对下游水文情势的影响分析 [J]. 水利规划与设计, 2019, 187 (5): 38 - 40.

[55] NGO L A, MASIH I, JIANG Y, et al. Impact of reservoir operation and climate change on the hydrological regime of the Sesan and Srepok Rivers in the Lower Mekong Basin [J]. Climatic Change, 2018, 149 (1): 107 - 119.

[56] WANG W, LU H, LEUNG L R, et al. Dam construction in Lancang - Mekong River Basin could mitigate future flood risk from warming - induced intensified rainfall [J]. Geophys Res Lett, 2017, 44 (10): 378 - 386.

[57] HOANG L P, VAN VMTH, MATTI K, et al. The Mekong's future flows under multiple drivers: how climate change, hydropower developments and irrigation expansions drive hydrological changes [J]. Sci Total Environ, 2019, 649: 601 - 609.

[58] EHSANI N, FEKETE B M, VOROSMARTY C J, et al. A neural network based general reservoir operation scheme [J]. Stoch Env Res Risk, 2016, 30 (4): 1151 – 1166.

[59] WANG Y, ZHANG N, WANG D, et al. Investigating the impacts of cascade hydropower development on the natural flow regime in the Yangtze river, China [J]. Sci Total Environ, 2018, 624: 1187 – 1194.

[60] SENE K. Hydrometeorology: Forecasting and Applications [M]. Berlin: Springer, 2010.

[61] SHIN S, POKHREL Y, MIGUEZ G. High – resolution modeling of reservoir release and storage dynamics at the continental scale [J]. Water Resour Res, 2019, 55: 787 – 810.

[62] WADA, DE GRAAF. I., VAN BEEK, L. High – resolution modeling of human and climate impacts on global water resources [J]. J Adv Model Earth Sy, 2016, 8: 735 – 763.

[63] GIULIANI M, ANGHILERI D, CASTELLETTI A, et al. Large storage operations under climate change: expanding uncertainties and evolving tradeoffs [J]. Environ Res Lett, 2016, 11.

[64] SOLANDER K C, REAGER J T, THOMAS B F, et al. Simulating Human Water Regulation: The Development of an Optimal Complexity, Climate – Adaptive Reservoir Management Model for an LSM [J]. J Hydrometeorology, 2016, 17: 725 – 744.

[65] YASSIN F, RAZAVI S, ELSHAMY M, et al. Representation and improved parameterization of reservoir operation in hydrological and land – surface models [J]. Hydrol Earth Syst Sci, 2019, 23: 3735 – 3764, 460.

[66] ZHANG Y, SHAO Q, ZHAO T. Comprehensive assessment of dam impacts on flow regimes with consideration ofinterannual variations [J]. Hydrol, 2017, 552: 447 – 459.

[67] POTTER K W. Small – scale, spatially distributed water management practices: Implications for research in the hydrologic sciences [J]. Water Resour Res, 2006, 42.

[68] POKHERL Y N, HANASAKI N, KOIRALA S, et al. Incorporating anthropogenic water regulation modules into a land surface model [J]. Journal of Hydrometeorology, 2012, 13 (1), 255 – 269.

[69] LV M, HAO Z, LIN Z, et al. Reservoir operation with feedback in a coupled land surface and hydrologic model: A case study of the Huai River Basin, China [J]. Am Water Resour As, 2016, 52 (1), 168 – 183.

[70] VICENTE S S, SAZ S MA, CUADRAT J. Comparative analysis of interpolation methods in the middle Ebro Valley (Spain): application to annual precipitation and temperature [J]. Climate Research, 2003, 24 (2): 161 – 180.

[71] 何红艳, 郭志华, 肖文发. 降水空间插值技术的研究进展 [J]. 生态学杂志, 2005, 24 (10): 1187 – 1191.

[72] GOOVAERTS P. Geostatistical Approaches for Incorporating Elevation into the Spatial Interpolation of Rainfall [J]. Journal of Hydrology, 2000, 228 (1): 113 – 129.

[73] PARAJULI P B, NELSON N O, FREES L D, et al. Comparison of AnnAGNPS and SWAT model simulation results in USDA – CEAP agricultural watersheds in south – central Kansas [J]. Hydrological Processes, 2009, 23 (5): 748 – 763.

[74] YANG J, REICHERT P, ABBASPOUR K C, et al. Hydrological modelling of the Chaohe Basin in China: Statistical model formulation and Bayesian inference [J]. Journal of Hydrology, 2007, 340 (3): 167 – 182.

[75] SPRUILL C A, WORKMAN S R, TARABA J L. Simulation of Daily and Monthly Stream Discharge from Small Watersheds Using the SWAT Model [J]. Transactions of the ASAE. American Society of Agricultural Engineers, 2000, 43 (6): 1431 – 1439.

[76] 许继军. 分布式水文模型在长江流域的应用研究 [D]. 北京: 清华大学, 2007.

[77] ARNOLD J G, SRINIVASAN R, RAMANARAYANAN T S, et al. Water resources of the Texas Gulf Basin [J]. Water Science and Technology, 1999, 39 (3): 121 – 133.

[78] BROOKS RH, COREY A T. Hydraulic Properties of Porous media [J]. Hydrology Paper Colorado State University Fort Collins CO., 1964, 47.

[79] CLAPP R B, HORNBERGER G M. Empirical equations for some soil hydraulic properties [J]. Water Resources Research, 1978, 14 (4).

[80] YU Z, POLLARD D, CHENG L. On continental – scale hydrologic simulations with a coupled hydrologic model [J]. J Hydrol, 2006, 331 (1): 110 – 124.

[81] YU Z, LAKHTAKIA M N, YARNAL B, et al. Simulating the river – basin response to atmospheric forcing by linking a mesoscale meteorological model and hydrologic model system [J]. J Hydrol, 1999, 218 (1 – 2), 72 – 91.

[82] 杨传国. 区域陆面—水文耦合模拟研究及应用 [D]. 南京: 河海大学, 2009.

[83] 俞烜, 冯琳, 严登华, 等. 雅砻江流域分布式水文模型开发研究 [J]. 水文, 2008 (3): 49 – 53.

[84] 李信. 基于 HEC – HMS 的雅砻江流域理塘河洪水预报研究 [D]. 武汉: 中国地质大学, 2015.

[85] 李德旺. 长江上游生态敏感度与水电开发生态制约研究 [D]. 武汉: 武汉大学, 2012.

[86] 刘红年, 张宁, 吴涧, 等. 水库对局地气候影响的数值模拟研究 [J]. 云南大学学报 (自然科学版), 2010, 32 (2): 171 – 176.

[87] 黄桂东, 宋启堃. 龙滩水库罗甸库区的局地气温变化分析 [J]. 云南地理环境研究, 2011, 23 (4): 87 – 90, 100.

[88] SHEFFIELD J, ZIEGLER A D, WOOD E F, et al. Correction of the High – Latitude Rain Day Anomaly in the NCEP – NCAR Reanalysis for Land Surface Hydrological Modeling [J]. Journal of Climate, 2014, (19): 3814 – 3828.

[89] BERG A A. Impact of bias correction to reanalysis products on simulations of North American soil moisture and hydrological fluxes [J]. Journal of Geophysical Research, 2003, 108 (D16): ACL 2 – 1 – ACL 2 – 15.

[90] LIU J, SHANGUAN D, LIU S, et al. Evaluation and Hydrological Simulation of CMADS and CFSR Reanalysis Datasets in the Qinghai – Tibet Plateau [J]. WATER – SUI, 2018, 10 (4): 513.

[91] 李紫妍. 汉江上游水文气象时空变异和水文模拟的不确定性评估 [D]. 西安: 西安理工大学, 2019.

[92] ZHAO F, WU Y, QIU L, et al. Parameter Uncertainty Analysis of the Swat Model in a Mountain – Loess Transitional Watershed on the Chinese Loess Plateau [J]. WATER – SUI, 2018, 10 (6): 690.

[93] KHOI D N, THOM V T. Parameter uncertainty analysis for simulating streamflow in a river catchment of Vietnam [J]. Global Ecology and Conservation, 2015, 4: 538 – 548.

[94] SELLAMI H, LA J I, BENABDALLAH S, et al. Parameter and rating curve uncertainty propagation analysis of the SWAT model for two small Mediterranean catchments [J]. Hydrological Sciences Journal, 2013, 58 (8): 1635 – 1657.

[95] 杨军军, 高小红, 李其江, 等. 湟水流域 Swat 模型构建及参数不确定性分析 [J]. 水土保持研究, 2013, 20 (1): 82 – 88.

[96] 刘伟, 安伟, 马金锋. Swat 模型径流模拟的校正与不确定性分析 [J]. 人民长江, 2016, 47 (15): 30 – 35.

[97] MORIASI D N, MORIASI D N, ARNOLD J G, et al. Model Evaluation Guidelines for Systematic Quantification of Accuracy in Watershed Simulations [J]. Transactions of the Asabe, 2007, 50 (3): 885 – 900.

［98］ 田鹏．气候与土地利用变化对径流的影响研究［D］．杨凌：西北农林科技大学，2012.

［99］ 江西省人民政府．江西省 2018 年国土绿化状况公报［EB/OL］．2019. http：//www. jiangxi. gov. cn/art_396_665576. html.

［100］ 江西省人民政府．江西省土地利用整体规划：2006－2020 年［M］．南昌：江西科学技术出版社，2011.

［101］ 中国天气：江西气候概况［EB/OL］．http：//www. weather. com. cn/jiangxi/jxqh/，2008.

［102］ 许斌，陈广才，陈丽．变化环境下鄱阳湖流域降水演变特征分析［J］．水利水电快报，2017，38（12）：36－38.

［103］ 蔡路路，赵军凯，缪家辉．1954—2013 年鄱阳湖流域气温变化特征及空间差异［J］．上饶师范学院学报，2017，37，224（6）：95－101.

［104］ 江西省水利厅．鄱阳湖概况［EB/OL］．http：//www. jxsl. gov. cn/jxshcbgs/hugk/，2016.

［105］ 江西省水利厅．赣江概况［EB/OL］．http：//www. jxsl. gov. cn/jxshcbgs/hugk/，2016.

［106］ 江西省水利厅．抚河概况［EB/OL］．http：//www. jxsl. gov. cn/jxshcbgs/hugk/，2016.

［107］ 江西省水利厅．信江概况［EB/OL］．http：//www. jxsl. gov. cn/jxshcbgs/hugk/，2016.

［108］ 江西省水利厅．饶河概况［EB/OL］．http：//www. jxsl. gov. cn/jxshcbgs/hugk/，2016.

［109］ 江西省水利厅．修水概况［EB/OL］．http：//www. jxsl. gov. cn/jxshcbgs/hugk/，2016.

［110］ LEHNER B，DOLL P. Development and validation of a global database of lakes，reservoirs and wetlands［J］. Journal of Hydrology，2004，296（1－4）：1－22.

［111］ LOVELAND T R，REED B C，BROWN J F，et al. Development of a global land cover characteristics database and IGBP DISCover from 1 km AVHRR data［J］. International Journal of Remote Sensing，2000，21（6－7）：1303－1330.

［112］ FISCHER G F，NACHTERGAELE S，PRIELER H T，er al. Global Agro－ecological Zones Assessment for Agriculture（GAEZ 2008）［C］. IIASA，Laxenburg，Austria and FAO，Rome，Italy.

［113］ BEVEN K. Rainfall－runoff modelling：the primer［M］. Berlin：Springer，2012.

［114］ HUI W，JUN X，LIPING Z，et al. Sensitivity and interaction analysis based on Sobol' method and its application in a distributed flood forecasting model［J］. Water，2015，7（12），2924－2951.

［115］ 杨明祥．基于陆气耦合的降水径流预报研究［D］．北京：清华大学，2015.

［116］ HAMEED M A. Evaluating global sensitivity analysis methods for hydrologic modeling over the columbia river basin［D］. Dissertations & Theses－Gradworks，2015.

［117］ PAPPENBERGER F，BEVEN K J，RATTO M，et al. Multi－method global sensitivity analysis of flood inundation models［J］. Advances in Water Resources，2008，31（1），1－14.

［118］ SALTELLI A. Making best use of model evaluations to compute sensitivity indices［J］. Computer Physics Communications，2002，145（2），280－297.

［119］ TANG Y，REED P，VAN W K，et al. Advancing the identification and evaluation of distributed rainfall－runoff models using global sensitivity analysis［J］. Water Resources Research，2007，43（6）.

［120］ YAN J，JIA S，LV A，et al. Water resources assessment of China's transboundary river basins using a machine learning approach［J］. Water Resources Research，2019，55，632－655.

［121］ 江西省水利厅，江西省统计局．江西省第一次水利普查公报［J］．江西水利科技，2013，39（2）：79－82.

［122］ WANG Z Y，TIAN S M. Integrated management strategies for the Yellow River［J］. Tianjin Daxue Xuebao（Ziran Kexueyu Gongcheng Jishu Ban）/Journal of Tianjin University Science and Technology，2008，41（9）：1130－1135.

[123] 李生生，王广军，梁四海，等．基于 Landsat-8 OLI 数据的青海湖水体边界自动提取 [J]．遥感技术与应用，2018（4）：666-675．

[124] 毕海芸，王思远，曾江源，等．基于 TM 影像的几种常用水体提取方法的比较和分析 [J]．遥感信息，2012，27（5）：77-82．

[125] CAI C，WANG J LI Z. Assessment and modelling of uncertainty in precipitation forecasts from TIGGE using fuzzy probability and Bayesian theory [J]. Hydrol，2019，577.

[126] LIEBE J，GIESEN N，Andreini M. Estimation of small reservoir storage capacities in asemi-arid environment：A case study in the upper east region of Ghana [J]. Integrated Water Resource Assessment，2005，30（6-7），448-454.

[127] BEEK L P H，WADA Y，BIERKENS M F P. Global monthly water stress：1. Water balance and water availability [J]. Water Resources Research，2011，47，W07517.

[128] 杨锦明．基于贝叶斯正则化 BP 神经网络的上市公司财务困境预警模型 [D]．长沙：湖南大学，2007．

[129] HUANG Z，MOHAMAD H，LI X，et al. Reconstruction of global gridded monthly sectoral water withdrawals for 1971—2010 and analysis of their spatiotemporal patterns [J]. Hydrology and Earth System Sciences，2018，22（4）：2117-2133.

[130] NEITSCH S L，ARNOLD J G，KINIRY J R，et al. Soil and Water Assessment Tool Theoretical Documentation Version 2009 [R]. TWRI Report TR-191. Texas Water Resources Institute：College Station，TX，USA. pp. 2011，416-422.

[131] YANG S，YANG D，CHEN J，et al. Real-time reservoir operation using recurrent neural networks and inflow forecast from a distributed hydrological model [J]. Hydrol，2019，579.

[132] 史启朋，王博伦，王强，等．庄里水库建设对地下水水位的影响 [J]．山东国土资源，2012，28（8）：33-37．

[133] ZIV G，BARAN E，NAM S，et al. Trading-off fish biodiversity，food security，and hydropower in the Mekong River Basin [J]. Proc Natl Acad Sci，2012，109（15）：5609-5614.

[134] NAIMAN R，DUDGEON D. Global alteration of freshwaters：influences on human and environmental wellbeing [J]. Ecol Res，2011，26：865-873.

[135] SCUDDER T. The future of large dams：Dealing with social，environmental，institutional and political costs [J]. 2012.

[136] LIU X，YANG M，MENG X，et al. Assessing the Impact of Reservoir Parameters on Runoff in the Yalong River Basin using the SWAT Model [J]. Water，2019，11：643.

[137] The Nature Conservancy. Indicators of hydrological alteration version 7. 1 user's manual [R]. 2009.

[138] MUSHTAQ S，DAWE D，HAFEEZ M. Economic evaluation of small multi-purpose ponds in the Zhanghe irrigation system，China [J]. Agric Water Manag，2007，91：61-70.

[139] POFF N. L，HART D D. How Dams Vary and Why It Matters for the Emerging Science of Dam Removal [J]. Bioscience，2002，52：659.

[140] ZHANG Y，WANG S，GE Q，er al. Risk assessment of flood disaster in Jiangxi Province based on GIS [J]. Resources and Environment in the Yangtze Basin (in Chinese)，2011（S1）：166-172.

[141] GRAF W L. Downstream hydrologic and geomorphic effects of large dams on American rivers [J]. Geomorphology，2006，79（3），336-360.

[142] WU J，LIU Z，YAO H，et al. Impacts of reservoir operations on multi-scale correlations between hydrological drought and meteorological drought [J]. Hydrol，2018，563：726-736.